始于生活 成于创意

中华古代科技智慧知与行

主 编

孙 青

编写组

孙 青 胡佳蓉 彭慧慧

孙登瑶 秦 蓉 沈 洁

上海教育出版社
SHANGHAI EDUCATIONAL
PUBLISHING HOUSE

图书在版编目（CIP）数据

始于生活 成于创意：中华古代科技智慧知与行 /
孙青主编. — 上海：上海教育出版社，2024.4
ISBN 978-7-5720-2624-9

Ⅰ.①始… Ⅱ.①孙… Ⅲ.①科学技术－技术史－中
国－古代－青少年读物 Ⅳ.①N092-49

中国国家版本馆CIP数据核字(2024)第074310号

责任编辑　张瑾之
装帧设计　周　吉

始于生活　成于创意：中华古代科技智慧知与行
孙　青　主编

出版发行　上海教育出版社有限公司
官　　网　www.seph.com.cn
地　　址　上海市闵行区号景路159弄C座
邮　　编　201101
印　　刷　上海普顺印刷包装有限公司
开　　本　787×1092　1/16　印张 8
字　　数　100 千字
版　　次　2024年4月第1版
印　　次　2024年4月第1次印刷
书　　号　ISBN 978-7-5720-2624-9/N·0017
定　　价　75.00 元

如发现质量问题，读者可向本社调换　电话：021-64373213

编者的话

你知道"开门七件事"吗？这个说法源自中国古代，通常指的是家庭日常运作所依赖的七种基本生活物品——柴、米、油、盐、酱、醋、茶。"开门"寓意家庭一天生活的开始，强调了这七件必需品是每个家庭日复一日每天都离不开的。其实，除了这"开门七件事"，古代还有许多其他日常用品流传至今。比如，用于粘贴物品的"糨糊"、点起来散发不同气味的"香"、用于清洁的"皂荚""胰子"，以及护肤用的"面脂"等。这些物品在古人的生活中扮演着重要的角色，不仅展示了古代人民的生活智慧，也反映了他们对生活品质的追求。

本书立足"创意点亮生活"的理念，选取了"澡豆""手药"等对现代人而言陌生或新奇，但在古人生活中不可或缺的日常用品，以及酒、醋、酱、糖、盐、油等看似普通却具有代表性的饮食调料作为介绍对象，揭晓古人是如何从大自然中发现和获取这些原料，以及它们的生产加工制作工艺是如何形成的。通过这一过程，我们试着和大家一起走近我国历史悠久的饮食文化和科技智慧。

《始于生活　成于创意》一书，与前两册《始于劳作　成于创造》《始于传承　成于创新》共同组成"中华古代科技智慧知与行"的完整系列。本书遵循一贯的四"博"结构，将人文历史、科技知识和动手实践相结合，融入每个主题篇章，带领青少年读者穿越古今，畅想未来，动手又动脑。"博学于文"部分挑选的古代典籍能帮助读者更好地理解主题；"博物致知"部分通过科学原理启发思考；"博古通今"部分展示了科技进步的历史脉络，带领读者认识传承与创新的意义；"博识广践"部分则提供了实际操作的指导，教读者"古法制造"，实现知行合一。

古往今来，所有文明进步都与生活实践紧密相关。"中华民族在几千年历史中创造和延续的中华优秀传统文化，是中华民族的根与魂。"中华饮食文化和生活用品所涉及的发现、利用与创造，不仅体现了高度的文明智慧，也蕴含了丰富的科学技术。本书的编写目的在于鼓励广大青少年读者从日常生活的"小事"出发，去找寻科学创意的大智慧。在用眼睛去阅读的同时，试着用双手去复现那些历史绵长却依然好用的生活用品，并用心去感受劳动人民融入日常生活的无限创意，真切地理解和感悟中华民族由来已久的对美好生活的不懈追求，心怀对中华文明的敬畏与热爱，珍视当下，为更美好的明天发愤图强！

2023 年 12 月

目录

后记

日常用品

在历史的长河中，中华古代日常用品以其独特的制作工艺和深厚的文化内涵，成为中华文化的重要组成部分。这些用品的发展历程如同一幅细致入微的历史画卷，为我们揭示了古人的生活习俗、审美偏好与文化传统，同时体现了中国古代劳动人民的卓越智慧和创造能力。从最常见的日常清洁用品，到复杂精细的香料，再到用于装裱、建筑等领域的各类黏合剂，日常用品的发展演变与中华文明的历史进程紧密相连。随着现代社会的快速发展，传统的日常用品在很大程度上逐渐被现代化的同类产品所取代。然而，人们对于天然、环保和健康生活方式的追求始终如一。将古代日常用品的精髓与现代科技相结合，不但能够满足现代人的实际需求，而且有助于传承和弘扬中华优秀传统文化。

扫码查看"拓展思考"参考答案

三合土与糨糊

身处传统的砖木结构房屋中，阅读装帧精良的书籍，观赏装裱精致的中国书画，这是古人日常生活的一部分。这样的生活场景离不开黏合剂的发展和应用。各种黏合剂为中国古代建筑工艺的发展、书画等历史文化遗产的保存等作出了重要贡献。在不断的改进和创新中，现代黏合剂也仍在为人们的生活、生产提供便利和支持。那么，在我们熟悉的各种胶水被发明之前，人们是用什么黏合剂来粘贴书纸、裱补图书的呢？在没有水泥的时代，厚实的城墙又是如何拔地而起的呢？让我们一起探索黏合剂的历史，了解其代表——三合土与糨糊，感受古人的智慧。

广州余荫山房瑜园

一、博学于文

　　黏合剂的历史十分悠久。早期的黏合剂大多来源于自然，如动物胶质、植物汁液等。人们发现它们具有天然的黏性，使用它们来黏接物品。后来，人们又逐渐开发了多种可以作为黏合剂的材料，广泛用于各领域。比如，说起中国古代建筑，除了那些复杂精巧的榫卯斗拱，黏合剂的使用同样具有悠久的历史和鲜明的特色。甘肃秦安的仰韶晚期文化遗址中，就包含一处工艺水平极高的史前房屋，其主室面积约 130 平方米，由一种类似于现代水泥的混凝土铺就。在南北朝时期，工匠已开始将糯米、熟石灰与石灰岩混合，制成黏性超强的糯米灰浆，用作陵墓、城墙等砖石结构建筑的黏合剂。隋唐时期，糯米灰浆进一步被用于桥梁、宝塔和庙宇等建筑。明清时期，其应用更加广泛。广西上思出土的明代三合土棺椁是由以白石灰为主、粗沙和黏土为辅（可能混合糯米浆）的材料夯实而成，构成了内里木质棺椁的保护层外椁。这类黏合剂的黏合力和耐久性都非常强。

气势恢宏的古代城墙

说起古代书画，你知道糨糊是装裱过程中不可或缺的黏合剂吗？其调制和使用是否得当，会直接影响裱件的效果和质量。传统书画的装裱是一项复杂而精细的技艺，可以保护和美化书画作品，使其更耐久，并提高其观赏价值。多种多样的黏合剂在古人的生活中发挥了重要的作用，展示了古人的智慧和创造力。

经过裱褙的书画

📖 文献一

用以襄墓及贮水池，则灰一分，入河沙、黄土二分，用糯米糨①、羊桃②藤汁和匀，轻筑坚固，永不隳坏③，名曰三和土④。

——〔明〕宋应星《天工开物·燔石·石灰》

注释：

①〔糨（jiàng）〕同"糨"。糊。

②〔羊桃（yángtáo）〕即猕猴桃。

③〔隳坏（huīhuài）〕损毁；破坏。

④〔三和土（sānhuòtǔ）〕即三合土。一种主要由石灰、黏土、沙三者混合而成的建筑材料，也有混入碎砖石的。

译文：

用于修建坟墓和蓄水池，则是用石灰一份，混入河沙和黄土两份，并加入糯米糊和猕猴桃藤汁搅拌均匀，只需要轻压，不必夯打就会非常坚固，即使经历很长时间也不易毁坏，这叫作三和土。

文献二

其城壁表里各用砖灰五层包砌①，糯粥调灰铺砌城面，兼楼橹②城门，委皆雄壮，经久坚固。

——〔清〕徐松《宋会要辑稿·方域九》

注释：

①〔包砌（bāoqì）〕在墙体外部用砖石等材料进行包裹修筑，是古代的一种建筑工艺。

②〔楼橹（lóulǔ）〕古代军中用于瞭望或攻守的高台。

译文：

城墙的表层和里层分别用五层砖和石灰包砌，用糯米粥混合石灰（制成灰浆）来铺砌城墙顶部，同时包括城楼和城门，（这些建筑）整体看起来都非常雄伟壮观，且经久耐用，非常坚固。

坚实耐久的福建土楼

文献三

裱之于糊，犹墨①之于胶②。墨以胶成，裱以糊就。

——〔明〕周嘉胄《装潢志·用糊》

注释：

①〔墨（mò）〕书写、绘画所用的黑色颜料。一般是用松枝、桐油等不充分燃烧的产物加上鹿角胶、牛皮胶或牛骨胶等黏合剂手工捏制而成。

②〔胶（jiāo）〕具有黏性的物质。此处指用鹿、牛等动物的皮、角等制成的黏合剂。

译文：

糨糊对于装裱的重要性，就像胶对于墨一样。墨需要胶才能制成，装裱作品需要糨糊来完成。

二、博物致知

在古代，黏合剂被广泛应用于各种领域。古人凭借其智慧，会根据具体需求，在基础的黏合剂中添加不同的辅料，使其在不同场合发挥出色的作用。这些精心调配的黏合剂不仅显著增强了砖瓦建筑的牢固性，使其能够遮风挡雨，同时也为书画装裱和文献古籍的保存作出了卓越的贡献。

胶漆之坚

黏合剂的主要作用就是通过其特有的黏附性能，将分开的物体紧密地黏合在一起，形成如胶和漆那样牢固且不易分离的连接。在众多黏合剂中，糨糊是一种典型的代表，其关键成分在于淀粉。淀粉高分子链在加热至60—80摄氏度的水中会发生溶胀和分裂，形成均匀的糊状溶液，这一过程被称为淀粉的糊化作用。这些高分子链因其长度或支链数量多，导致分子间相对运动阻力增大，宏观上表现为溶液黏稠度的增加。

除了可以作为黏合剂使用外，糊化淀粉还是一种广泛应用的食品添加剂。它能够增加食品的黏性和稠度，提高食品的稳定性和质感。此外，在医药和化妆品领域，糊化淀粉也因其特性而具有广泛的应用价值。

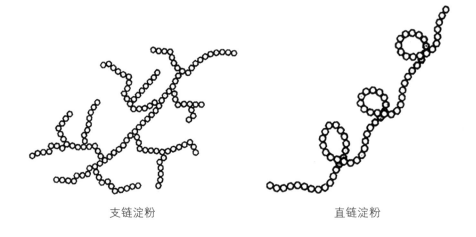

支链淀粉 直链淀粉

🌿 防蠹防腐 🌿

"蠹"泛指蛀蚀器物的虫子。古代制作糨糊的主要原料是一些淀粉含量丰富的植物，如大米、小麦、豆类等。为了防范虫害和腐坏，自宋代开始，工匠们越来越重视糨糊的防蠹防腐问题，不断改良防蠹配方。能工巧匠将藿香、藜芦和百部根等中草药掺入装裱用的黏合剂中。这些中草药所释放的特殊香味成分可以有效地驱散部分蛀虫。例如，藜芦含有多种碱性物质，百部根含有百部碱和百部次碱，均具有较好的避虫效果。此外，为了增强防虫效果，工匠们还会往糨糊中添加雄黄以防蚁，添加皂角以防鼠。至于古代使用糯米灰浆砌墙时，糯米之所以不会变质，原因在于石灰呈碱性，其强碱性环境几乎无法让微生物生存，从而确保了糯米能够长期保存而不腐坏。

藿香

藜芦

百部根

ᗌ 固色 ᗌ

此外，一些装裱工匠在制作糯糊时会加入明矾，其主要化学成分为十二水合硫酸铝钾。明矾的加入是为了防止书画褪色，固定书画的墨色，并有效避免镶缝开绽。然而，不论是装裱新画还是修饰旧作，使用明矾都

明矾

应谨慎。过多的明矾会增加裱件的脆硬度，这对于书画的长期保存和传世极为不利。因此，在使用明矾时，需要掌握好比例和用量，以确保其对书画的保护作用，同时避免对书画造成潜在的损害。

三、博古通今

如今，人们有时仍然会使用糯糊来贴春联。同时，一些珍贵的优秀书画作品仍选择古法装裱工艺，这有助于延长书画作品的寿命，提高其观赏价值。然而，在普通的手工制作中，通常使用固体胶、透明胶带、双面胶等即可满足黏合需求。这些黏合剂的主要成分是高分子聚合物和树脂类物质。

在建筑行业，水泥这种建筑材料能在空气或水中硬化，并能把沙、石等材料牢固地黏结在一起。硅酸盐水泥和铝酸盐水泥是常见的水泥种类，其主要成分包括氧化钙、二氧化硅和三氧化二铝等。而传统的糯米灰浆目前主要被应用于中国古建筑修复领域。

水泥

四、博识广践

糨糊是一种以淀粉为主要原料的黏合剂，具有黏性强、不易受潮的优点。它的制作方法简单易行。让我们一起动手调配一款黏合剂，粘贴出一幅作品吧！通过这次探索，我们能够直观感受到传统工艺和技术的魅力。

✂ 材料与工具

材料：淀粉若干、水适量、彩色纸片若干、白纸 1 张。

工具：称量纸、烧杯（250 毫升容量为宜）、玻璃棒或勺子、电子秤、加热器。

（注意：使用工具时务必注意安全，须在家长监护下操作。）

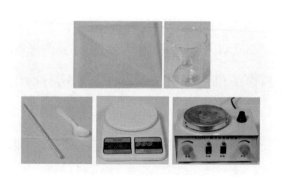

① 注水

将 50 毫升的水倒入 250 毫升容量的烧杯中。

扫码观看视频

② 加入淀粉并搅拌

使用电子秤和称量纸，取日克淀粉。一边将淀粉加入烧杯中，一边用玻璃棒搅拌，使其充分溶解，不结块。

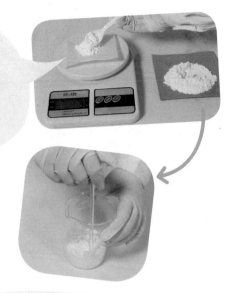

③ 加热并搅拌溶液，制得糨糊

用加热器加热淀粉溶液，继续搅拌，直至溶液有黏性并可以拉伸时停止加热。糨糊就制作完成了。

④ 使用糨糊，制作手工作品

使用自制糨糊作为黏合剂，将彩色纸片按照构思逐一粘贴到白纸上，完成手工作品。

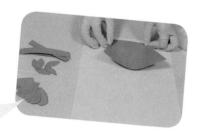

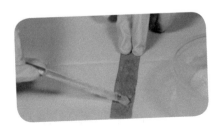

用自制糨糊粘贴的手工作品完成啦。

拓 展 思 考

在完成糨糊的制备后，为了确保它能够长期保存而不发生变质，应怎样妥善处理或者保存呢？

自制糨糊

（扫描第 2 页二维码可见参考答案）

　　香是一种深邃且包容的文化表达。它不仅承载着修身养性的功能，还是人们生活中不可或缺的一部分。随着物质与精神生活水平的不断提高，除了日常生活的基本需求"柴米油盐酱醋茶"之外，越来越多的人开始喜爱用香与品香，对香的品质也有了更高的追求。自古以来，香在中国人的生活中扮演了重要角色，起到了突出作用。让我们来了解香在各种文化活动和日常生活中的用途吧。

香烟缭绕

一、博学于文

焚香，作为一种生活仪式，常常与点茶品茗、挂画插花、抚琴吟唱等相伴，象征着高雅。在古代，焚香是一种融入日常生活的雅趣。在诸多雅兴之中，焚香尤为突出。从宫廷到民间，从文人墨客到广大百姓，都有着焚香的习俗。在庙宇中，香被用来供奉神明。在日常生活中，焚香能驱除屋内的潮气，使空气清新。此外，香还可以用来颐养身心。线香因其燃烧时间较长，被称为"仙香"或"长寿香"。民间也常燃香计时，人们通过观察香的燃烧长度来了解时刻。比如，"一炷香的工夫"被用作时间计量的单位。

焚香

古人不但爱用香，而且在用香的过程中留下了宝贵的文字资料。这些记录不仅反映了古人对用香的理解和感悟，也为我们今天了解和研究古代香文化提供了珍贵的史料。接下来，我们将一同欣赏古代文人对用香的记载，感受其中富含的深厚文化底蕴。

📖 文献一

香之为用，从上古矣。所以奉神明，可以达蠲洁①。

——〔北宋〕丁谓《天香传》

注释：

① 〔蠲洁（juānjié）〕清洁。

译文：

香的使用可以追溯到古代。它能够用来供奉神明，亦能达到清洁和净化的效果。

> **文献二**
>
> 绢帕①麻菇②与线香③，本资民用反为殃。清风两袖④朝天去，免得闾阎⑤话短长。
>
> ——〔明〕于谦《入京》

注释：

①〔绢帕（juàn pà）〕绢，一种质地薄而坚韧的生丝织物。帕，用于擦手、脸或包裹物品的小块织物。绢帕，绢制的帕子。

②〔麻菇（mágū）〕一种食用菌，亦可入药。

③〔线香（xiànxiāng）〕细长如线的不带竹棍或木棍的香，用香料和木屑等制成，也叫直条香、草香。

④〔清风两袖（qīngfēng-liǎngxiù）〕形容做官清廉。

⑤〔闾阎（lǘyán）〕里巷内外的门。借指里巷，泛指民间。

译文：

绢帕、麻菇和线香，这些东西原本是为了满足百姓自己使用的需要而生产的，却（被官员们统统搜刮走，成为送给皇帝和权贵们的贡品，）反而给百姓带来了祸害。我两手空空，只带着两袖清风进京去朝见皇上，以免街巷里人们议论纷纷。

> **文献三**
>
> 燎沉香，消溽暑①。鸟雀呼晴，侵晓窥檐语。叶上初阳干宿雨，水面清圆，一一风荷举。
>
> ——〔北宋〕周邦彦《苏幕遮·燎沉香》

①〔溽暑（rùshǔ）〕指夏天潮湿闷热的气候。

译文：

焚烧沉香，来消除夏天闷热潮湿的暑气。鸟雀鸣叫呼唤着晴天，拂晓时分我悄悄看它们在檐下私语。初出的阳光晒干了荷叶上昨夜的雨滴，水面上的荷花清润圆正，晨风吹过，荷叶一片片地挺出水面舞动起来。

二、博物致知

传统香料按来源可分为动物香料和植物香料两大类。动物香料主要包括麝香、灵猫香、海狸香和龙涎香四种，而植物香料迄今已发现的有近五百种。由于不同的香料成分各异，所制成的香也就会有各不相同的功效，适用于不同的场合。

～ 宁神安心 ～

在流传下来的古代文人雅士的养生书籍中，焚香与安心养气常常被提及，特别是在打坐或冥想之际，身边焚香有辅助之用。明代医学家李中梓认为，入室闭户，烧香静坐，方可谓之斋也，达到内心宁静，心神纯一。可见古人常常通过焚香来达到静心凝神的效果。制作香的材料中包含许多具有芳香气味的植物，如沉香和檀香。沉香的香味来源于其挥发油，具有明显的中枢镇静作用。沉香的香气成分之一——沉香螺旋醇具有安定作用，并能延长睡眠时间。沉香呋喃具有轻度的中枢

沉香

檀香

神经镇静作用与催眠活性，而沉香白木香酸则具有一定的催眠麻醉和镇痛作用。对于易失眠多梦的人而言，沉香是一种很好的助眠香。在睡前点燃一炉沉香，伴着香气入睡，能够缓解生活中的焦虑和压力，带来宁静轻松的氛围。

～ 辟秽防疫 ～

中国用香辟疫的历史悠久。早至秦汉时期，天子身旁就常摆放香草。《史记·礼书》载有"侧载臭苣，所以养鼻也"，其中的"苣"即指一种香草，而"臭"在此处意为香。中医理论强调"治未病"的原则，倡导尽可能采取防患于未然的预防措施以对抗疾病，而焚香就是古人常用的防病手段之一。尤其在养病期间，古人更加注重焚香的作用。苏轼在《十月十四日以病在告，独酌》一诗中提及"铜炉烧柏子，石鼎煮山药"，所焚的即为有助于安心神、稳气息的柏子香。香之所以具备辟秽、防疫等功效，是因为其原料多来源于中药材。焚香时释放的化学成分能够有效地消除空气中的病菌，从而达到驱邪辟秽、净化环境的效果。不仅在医方类典籍中载有治疗疾病的香方，明代香学专著《香乘》也收录了治头风的"清神湿香"、治疗心腹痛的"南番龙涎香"等香方。

现代的《中药大辞典》记述了艾熏的消毒作用，指出艾叶烟熏对结核杆菌、金黄色葡萄球菌、大肠杆菌、枯草杆菌及铜绿假单胞杆菌具有显著的灭菌效果，且其效果在某些方面甚至优于紫外线消毒。

潍坊市博物馆馆藏汉代熏炉

三、博古通今

在明代，新开辟的商路促进了香料贸易的流通，香料通过朝贡贸易与私人海上贸易进入中国。一些产自中国的香料也通过丝绸之路传播至中西亚等地。这一过程促进了香料在不同文明间的交流与融合，展现了中华民族开放包容的文化精神。进入 18 世纪，随着有机化学的发展，人们开始对天然香料的成分和结构进行深入研究，并通过人工化学合成方法来仿制这些香料。

如今，尽管焚香这一传统方式因生活节奏的加快而逐渐淡出了日常生活，但是人们依然喜爱香气。现代人也倾向于使用香水、精油和香薰蜡烛等产品来享受香氛。在这些产品中，高品质者往往含有动植物来源的天然香味成分，部分产品则添加了工业香精以增强或丰富其特性。这反映了传统文化与现代科技在香味体验上的融合与发展。

各式香水、精油、香薰蜡烛

四、博识广践

一缕清香，一份匠心。我们一起探索制作线香的技艺，用双手感受香的魅力，体验传统文化的韵味，寻找内心的平和与宁静。

材料与工具

材料：楠木黏粉若干、沉香粉若干、檀香粉若干、清水适量。

工具：挤泥枪（含针筒）、尺子、晒香网盘、罐子、电子秤、量筒。

（注意：使用工具时务必注意安全，须在家长监护下操作。）

 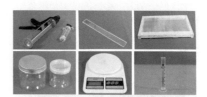

① 配粉

我们可以根据个人喜好，选择几种香料粉来调配香方。此处使用的配方为3克檀香粉、4克沉香粉、3克楠木黏粉。用电子秤称量以上三种粉。先在罐中将檀香粉和沉香粉拌匀，再加入楠木黏粉，然后将其搅拌均匀。

② 制香泥

用量筒量取15毫升清水，一点一点地加入粉中，并加以搅拌。用手搓搓香泥时，香泥要搓透、搓均匀，使其成团不松散。

③ 醒香

将揉好的香泥放入罐子，进行醒香，大约 5 分钟。

④ 装香泥

将醒好的香泥搓成条形，放入针管，并挤压到针管头部。

⑤ 挤香泥

将装有香泥的针管固定在挤泥枪上。扣动挤泥枪，将挤压出的线形香条置于晒香网盘上。

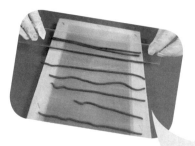

扫码观看视频

⑥ 整理，晾晒

在晒香网盘上，用尺子整理香条至笔直的线形，随后将其置于干燥通风处晾晒。

香条晒干后，我们的线香就制作完成了。点燃线香，气味宜人。

拓 展 思 考

在我们的日常生活中，有许多常见的材料，它们既有芳香的气味，又有一定的功效。请你思考还有哪些材料也可以作为制作线香的原材料呢？

线香

（扫描第 2 页二维码可见参考答案）

驱蚊器物

从古至今，人们一直在竭尽所能地使出各种招数来驱蚊灭蚊。在古代，虽然没有如今的电热蚊香、灭蚊灯和杀虫剂等高效的驱蚊灭蚊手段，但是充满智慧的古人善于利用身边的自然资源，早已展开了与蚊子的长期斗争。接下来，我们将一起了解古人与蚊子的"交战"史，感受驱蚊方法的演变与发展。

驱蚊香囊

一、博学于文

《庄子·外篇·天运》中有言："蚊虻噆肤，则通昔（通'夕'）不寐矣。"这句话的意思是，蚊虻之类的小虫叮咬皮肤，就会让人整夜都难以入睡。北宋欧阳修在《憎蚊》一诗中写道："虽微无奈众，惟小难防毒。"可见，蚊子给古人带来的困扰着实不小。古人对于驱蚊灭蚊煞费苦心，我们一起来了解他们为避免蚊子侵扰所付出的努力吧。

☙ 文献一

泽国①故多蚊，乘夜吁②可怪。举扇不能却，燔③艾取一快。

——〔南宋〕陆游《熏蚊效宛陵先生体④》

注释：

①〔泽国（zéguó）〕水乡，河流、湖泊等较多的地区。

②〔吁（xū）〕叹息，感叹。

③〔燔（fán）〕焚烧。

④〔宛陵先生体（wǎnlíngxiānshengtǐ）〕又称"宛陵体"，指北宋诗人梅尧臣的诗歌风格，其特点主要表现为质朴平淡、状物鲜明、含意深远。梅尧臣，字圣俞，宣城（古名"宛陵"）人，故世称宛陵先生。

译文：

水多的地方本来就多蚊子，它们趁着夜晚（叮咬人）实在令人诧异。用扇子也赶不走它们，点燃艾草来熏烟才能痛快一下。

☙ 文献二

炉中苍术①杂烟荆，拉杂烘之烟飞腾。安得蝙蝠满天生，一除毒族②安群民。

——〔清〕蒲松龄《驱蚊歌》

注释：

①〔苍术（cāngzhú）〕多年生草本植物，根状茎肥大，可入药。民间也常用其防治疫病，有辟浊除秽、驱赶蚊虫的功效。

②〔毒族（dúzú）〕此处指蚊虫。

译文：

在炉子中，苍术和烟荆混杂在一起被燃烧，产生的烟雾缭绕升腾（，人也会觉得很呛）。期盼能有很多蝙蝠飞来，把蚊虫这些毒物都吃掉，百姓就能安适了。

二、博物致知

古人将艾草晒干，编成绳索来燃烧，其产生的烟雾和香味可以有效地驱赶蚊子，这是蚊香的雏形。古人有焚香的习惯，端午节期间更是有防疫消灾、去虫毒的卫生习俗。基于对蚊子习性的了解，宋代出现了较为原始的蚊香，称蚊烟或蚊虫药。据记载，古人于端午时采集特定原料，主要包括浮萍和雄黄等，经过一系列工艺制成蚊香，并出现了专门的作坊进行生产。使用时，只需将蚊香点燃，其散发出的烟雾和香味就可以有效地驱赶蚊虫。明清时期，蚊香的制作工艺有了进一步的发展，所用的原料种类也逐渐增多。比如，将浮萍与其他中药，如羌活、苍术、白芷等混合燃烧，其驱蚊效果更好。明代《本草纲目》《卫生易简方》和清代《外治寿世方》等书中均有相关的记载。此外，随着技术的发展，还衍生出灭蚊缸、灭蚊灯等多种驱蚊器具。

☙ 植物驱蚊 ❧

古人常在庭院中种植一些有驱蚊效果的植物，如驱蚊草、艾草、除虫菊、薰衣草和藿香等。这样，夏夜乘凉时，不仅可以驱避蚊虫，还可以享受沁人心脾的香气。此外，古人还会利用能驱蚊的中草药制作香囊，佩戴在身上，不仅可防蚊，还是文人雅士身份的一种象征。驱蚊草含有的驱蚊成分是香茅醛，它能散发出类似柠檬的香味。气候越温暖，这种香味越浓，驱蚊效果也更佳。艾的茎、叶均含有挥发性芳香油，揉后就有香气，可用来驱赶蚊虫。

驱蚊草

除虫菊

艾草

❧ 生物驱蚊 ❧

尽管古代没有现代的食物链这一科学概念，但是古人已在生活中运用类似的知识来驱蚊。比如，在盛有水和石头的大缸里养上一些青蛙，即可达到减少蚊子数量的效果。蚊子喜水，必须在水里产卵以繁殖后代。因此，盛水的大缸便成了最吸引它们的去处。而它们一旦靠近，就会被缸中的青蛙捕食，从而成就了灭蚊缸水诱灭蚊的神奇效果。此外，壁虎、蝙蝠和蜻蜓等生物也是蚊子的天敌，它们同样可以在控制蚊子数量方面发挥重要作用。

青岛天后宫
（青岛市民俗博物馆）石缸

❧ 物理驱蚊 ❧

唐代刘禹锡在《聚蚊谣》一诗中写道："天生有时不可遏，为尔设幄潜匡床。"他感叹蚊子的出现遵循自然规律，有一定的时节，自己不可阻遏，为了避开蚊子的叮刺，只好躲进蚊帐。唐代薛能也有"高卷蚊厨独卧斜"的诗句。这说明在当时幄、蚊厨等床帐已成为常见的避蚊工具了，相当于今天的蚊帐。

宋代欧阳修《憎蚊》诗中有"燎壁疲照烛"句，描述了用光来吸引蚊虫的场景。这一方法直到现在依然被广泛采用，利用光源吸引并消灭蚊子。据文献记载，实物灭蚊灯的出现可以追溯到明朝。古代的吸蚊灯设计巧妙，其灯身是葫芦状的细长灯盏，灯盏侧面开有一扇喇叭口状的小窗。这种灯专门用于悬吊在蚊帐内，当灯捻被点燃后，会在灯外形成一股向内的气流。这一气流通过喇叭口小窗迅速流入，当蚊帐内的蚊虫被光源吸引而靠近灯时，它们会被这股热气流吸入灯盏内，从而达到消灭蚊虫的目的。

驱蚊灯

三、博古通今

尽管现代驱蚊科技在技术和效率上超过了古人，但古人利用自然材料创造出的驱蚊方法充满了智慧和趣味性。这些方法在有效驱赶蚊子的同时，也让人们感受到了与自然的亲近。大多数现代灭蚊科技产品的有效成分是除虫菊酯的衍生物，如氯菊酯、右旋反式氯丙炔菊酯等。这些成分来源于一种名为除虫菊的植物。除虫菊酯具有强烈的触杀作用，它通过干扰蚊虫的神经系统，使它们兴奋和痉挛，最终麻痹死亡。除虫菊酯被广泛用于蚊香、电热蚊香液、气雾灭虫剂等家用灭蚊产品中，通常以气态形式达到驱蚊效果。

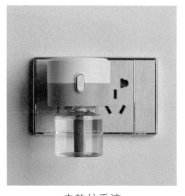

电热蚊香液

气雾灭蚊剂和蚊香

四、博识广践

　　佩戴香囊，是传承至今的风雅乐事。古代的香囊可分为两类：一类是用金银甚至玉石等制作的硬质香囊，内部镂空，填充香料；另一类就是常见的用丝织品缝制并塞入香料的香囊。虽然现代的灭蚊手段更为丰富和先进，但是佩戴香囊以驱蚊虫仍然是一种深受大家喜爱的方法。接下来，我们动手自制驱蚊香囊，传承传统文化。

材料与工具

　　材料：新鲜薄荷叶若干、混合均匀的驱蚊中草药（建议配方：艾叶、菖蒲、香茅、薰衣草、苏叶、藿香、陈皮、迷迭香、白芷、丁香、金银花、干薄荷）若干、棉布 1 块、无纺布袋 1 个、挂绳 1 根、流苏 1 穗。

　　工具：电子秤、一次性杯子、剪刀、小锤子、针线、纸巾。

　　（注意：使用工具时务必注意安全，须在家长监护下操作。）

① 制作空香囊袋

从白色的棉布上剪下一块 14 厘米长、7 厘米宽的长方形布。

将几片新鲜薄荷叶平铺在棉布上，覆盖一层纸巾加以固定。

用小锤子敲打纸巾上叶片的位置，直到薄荷叶的颜色拓印在棉布上，然后将叶片取走。

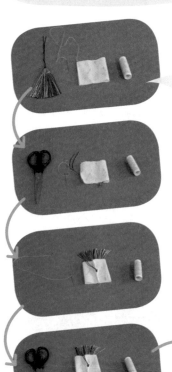

将棉布对折，用针线缝合竖边，缝到中间处，放入流苏固定。将刚才缝合的竖边移到布袋正中间，再缝合一边的开口。随后，将布袋的正面翻出来。此时，香囊布袋的一边尚未封口。

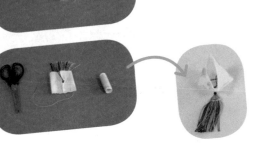

扫码观看视频

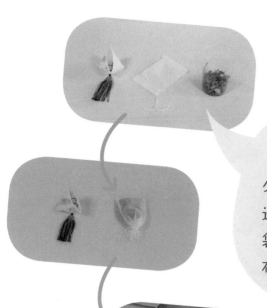

② 配制驱蚊中草药

用电子秤称取混合均匀的驱蚊中草药 10 克，装进无纺布袋。收紧无纺布袋的袋口，将其塞进香囊布袋。

③ 香囊封口并悬挂

将挂绳放在未封口一边的末端，将其缝合固定。继续缝合完这条边，将香囊封口。

可以将制成的驱蚊香囊挂在合适的位置，如衣架上、床头或书房内，不仅能起到装点家居空间的作用，还能让中草药的宜人香气萦绕其中，为生活增添宁静与雅致。

拓 展 思 考

在炎热的夏季，蚊子的数量显著增多。这些蚊子有雌雄之分，那么叮人的是雌蚊子还是雄蚊子呢？蚊子虽小，但它能成为多种疾病的传播媒介。你知道蚊子会传播哪些疾病吗？

驱杀蚊子

（扫描第 2 页二维码可见参考答案）

皂荚与无患子

在现代社会中，衣物的清洁通常依赖洗衣粉、洗衣液和洗衣皂等化学制品，洗手则主要用洗手液和肥皂，对此我们早已习以为常。然而，洗涤问题自古以来一直是人们关注的话题。在科学技术尚不发达的古代，古人不仅会使用基本的敲打方法来帮助清洗衣物，还逐渐发现了某些天然植物具有特殊的洗涤功效，如皂荚。除皂荚外，古人还探索了哪些清洗方法？它们又是如何实现清洁效果的？我们来了解一下古人的生活习惯和古代清洁技术的发展吧。

广西贺州黄姚古镇的人们洗衣时用棒槌敲打

一、博学于文

　　除了皂荚之外，肥珠子和古人烧柴火后产生的草木灰也常被用来清洗衣物。在多部古籍中，对于草木灰、皂荚和肥珠子的使用都有相关记载。这些天然材料的应用，反映了古人在洗涤技术方面的智慧。

> 🔖 文献一
>
> 　　冠带垢，和灰[①]请漱[②]；衣裳垢，和灰请浣[③]。
>
> ——《礼记·内则》

注释：

① 〔灰（huī）〕此处指草木灰。

② 〔漱（shù）〕洗涤。

③ 〔浣（huàn）〕洗涤。

译文：

　　（父母的）帽子和腰带脏了，就用草木灰来浸汁洗涤；他们的衣服脏了，就用草木灰来浸汁洗涤。

> 🔖 文献二
>
> 　　鬼皂荚，生江南地，泽如皂荚，高一二尺，沐之长发[①]，叶去衣垢。
>
> ——〔唐〕段成式《酉阳杂俎·卷十九·广动植类之四·草篇》

注释：

① 〔长发（zhǎng fà）〕使头发生长。

译文：

鬼皂荚，生长在江南地区，像皂荚那样用于洗涤，高一二尺，（用鬼皂荚煮水）洗头有益于头发的生长，（它的）叶也可去除衣服上的污垢。

文献三

浙中少皂荚，澡①面浣②衣皆用肥珠子③。……子圆黑，肥大，肉亦厚，膏润于皂荚，故一名肥皂④。

——〔宋〕庄绰《鸡肋编·卷上》

注释：

①〔澡（zǎo）〕洗手。泛指洗涤、沐浴。

②〔浣（wò）〕浸渍。此处指用肥珠子的液汁来浸洗衣物。

③〔肥珠子（féizhūzǐ）〕无患子的别名。因其果实如肥油，种子圆如珠子，故有此名。

④〔肥皂（féizào）〕此处指古代用皂荚或肥珠子等植物捣烂制作成的洗涤去污用品。

译文：

在浙江中部地区，由于皂荚较少，（人们）洗脸、洗衣服都使用肥珠子。……（肥珠子的果实）种子圆而黑，肥大，果肉也厚实，比皂荚更为滋润，故而（它）有一个名字叫"肥皂"。

肥珠子（无患子）

二、博物致知

古代平民百姓穿着的衣物大多由粗布制成。因粗布浸水后尤显沉重，人们通常采用"捣衣"的方式，靠敲打的力量去除衣物上的污垢。用这种洗衣方式来去污，既费力又费时。古人善于观察，富有生活的智慧。人们发现，手上沾有烧柴禾后形成的灰烬，能更容易地洗去手上的油污。因此，这些灰烬就被用来清洗衣物。先秦时期，以草木灰为原料的最早的"洗衣粉"已出现。魏晋时期，古人开始利用皂荚、无患子等天然植物来洗涤衣物。

◈ 草木灰 ◈

草木灰通常指植物燃烧后的灰烬，其主要成分是碳酸钾，属于强碱弱酸盐。其水溶液由于碳酸根离子的水解而显碱性。在日常生活中，衣物和手上常见的较难清洗的污垢以油脂为主。在碱性条件下，这些油脂的水解程度会加剧，转化为易溶于水的高级脂肪酸盐和甘

草木灰

油。这一系列化学反应正是草木灰能够分解油污并有效清洁的原理。

除草木灰外，古代沿海地区的人们将牡蛎壳烧成灰，并把这种灰称为"蜃"。"蜃"的主要成分是氧化钙。"蜃"与草木灰和水混合后，能使丝帛在清洗后更为柔软且洁白。这是因为草木灰和贝壳灰溶于水后会发生化学反应，生成强碱氢氧化钾，显著增强清洁效果，从而去除油污。

$$碳酸钾 + 氧化钙 + 水 \rightarrow 碳酸钙 + 氢氧化钾$$

◈ 皂荚 ◈

皂荚，又名皂角，属于豆科落叶乔木，是中国特有的乡土树种之一。

皂角果是皂荚树所结的果实，含有丰富的皂素（又称皂苷、皂角苷）。这种物质多呈现为白色或乳白色的无定形粉末，部分以晶体形式存在，有难闻的刺激性气味和味道，可溶于水，能降低液体（水）的表面张力，是一种天然表面活性剂。古人将皂荚捣碎后加入水中煎汁，溶液能生成泡沫，去污效果非常好，可用作洗涤剂。

不同品种的皂荚在去污功效上存在差异。唐代苏敬等人编撰的《新修本草》记载："猪牙皂荚最下，其形曲戾薄恶，全无滋润，洗垢不去。"而有一种"肥皂荚"，洗涤效果最好。

皂荚树

为了改善皂荚浓烈的气味，人们进行了二次加工。做法是将去除种子的皂荚煮熟、捣碎并细研，与白面和各类香料混合搅拌，做成橘子大小的球状物，用来洁面洗身，称为"肥皂团"。据记载，南宋时期，临安（今杭州）的街市上就有售这种"肥皂团"。从形状与功能方面看，它与今天的肥皂十分相似。这种加工方式不仅在很大程度上减少了皂荚原有的刺鼻气味，还在清洁能力上有所提高。

无患子

除了皂荚之外，古代文献中提及的"肥珠子"是宋代人常用的一种洗涤用品，其本名是无患子。在《本草纲目》中，无患子被描述为一种生长在高山之中的树木，其果实大如弹丸且如肥油，种子坚硬而呈黑色，类似肥皂荚的种子，形状正圆如珠，故得名"肥珠子"。无患子的厚肉质状果皮含有皂素，与水一起搓揉能产生泡沫，是古代重要的清洁剂之一。人们通常会将采摘下来的无患子果实煮熟，剔除种子后碾碎，再与豆面混合制成"澡药"。顾名思义，这种"澡药"不仅是清洁用品，据称还具有养生保健的效果。

无患子

🌿 表面活性剂去污原理 🌿

皂荚和无患子这两种天然植物之所以具备去污能力，主要归因于它们富含天然表面活性剂成分。表面活性剂能够降低溶液的表面张力，其中皂素是最具代表性的成分。除此以外，以天然油脂（如椰子油、棕榈仁油和棕榈油等）、糖类、木质素等为原料可以制得许多常见的天然表面活性剂。表面活性剂的分子结构具有两亲性，即一端为亲水基团，另一端为疏水（亲油）基团。当表面活性剂分子进入水中时，具有极性的亲水基团会破坏水分子间的吸引力，从而降低水的表面张力，使水分子更加均匀地分布在待清洗的衣物或皮肤表面。而疏水（亲油）基团则倾向于与油污结合，起到类似油渍"搬运工"的作用，将油污从衣物或皮肤表面分离出来。在搅动过程中，这些结合物会形成较小的油滴，其表面布满了亲水基团，因而不会重新聚合成大团油污。此过程会重复多次，直到所有的油污都变成非常微小的油滴并漂浮在水中，从而可以被轻松地冲洗干净。

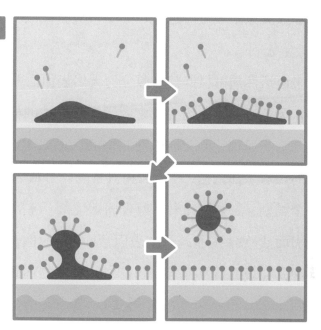

表面活性剂

……亲水基团

……亲油基团

表面活性剂去污原理

三、博古通今

古代的衣物洗涤方法与现代洗涤产品和工具的原理在多个方面存在相似之处。例如，捣衣是通过物理击打的方式，借助水流带走衣物上的污垢，这与人们常用的搓衣板的使用原理类似，现代洗衣机也利用摩擦等物理方法来清洁衣物。

用搓衣板洗衣

皂角洗发液

无患子洗面奶

古代使用的草木灰因其碱性成分而具有去油污的效果，这与现今的肥皂和洗涤剂多为碱性的特性相一致。此外，古代使用的皂角和无患子等植物，因其含有皂素这一天然表面活性剂而可以用来洗涤衣物。现代的洗涤产品中也广泛使用了表面活性剂，一些清洁产品还会添加皂角或无患子等传统植物成分。比如，在洗发液中加入皂角成分，或在洗面奶中加入无患子成分。这些产品不但具备高效的清洁能力，而且相对温和，天然无刺激。

表面活性剂可根据其来源分为天然表面活性剂和合成表面活性剂两大类。天然表面活性剂主要来源于自然界中的植物或动物，而合成表面活性剂则是通过化学合成方法制得的，可以根据具体的应用需求而具有不同的亲水亲油结构、性质和相对密度。合成表面活性剂可进一步细分为多个类别，常见的有离子型表面活性剂（包括阳离子表面活性剂和阴离子表面活性剂）、非离子型表面活性剂、两性表面活性剂、复配表面活性剂和其他表面活性剂等。随着科学技术的不断进步，新型表面活性剂的开发和应用也在不断拓展。

四、博识广践

我们可以模仿古人，利用皂角果和无患子来自制皂液，体验植物中天然表面活性剂的效用。

材料与工具

材料：（剪碎处理好的）无患子 10 克、（剪碎处理好的）皂角果 10 克、水 70 毫升。

工具：喷瓶、烧杯（2 个）、量筒、玻璃棒、电子秤、磁力搅拌器、过滤筛。

（注意：使用工具时务必注意安全，须在家长监护下操作。）

① **称取材料**

　　用电子秤分别称取剪碎处理好的皂角果和无患子各 10 克，放入烧杯。（请注意剪刀的安全使用。）

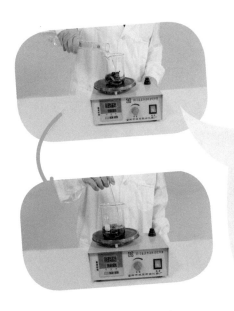

② **加热搅拌**

　　用量筒量取 70 毫升水，加入烧杯。用磁力搅拌器将烧杯加热 15 分钟左右。在加热过程中，需要用玻璃棒搅拌烧杯中的溶液，使有效成分充分溶解。

③ **过滤，装瓶**

　　用过滤筛过滤加热后的溶液，倒入另一个烧杯中。待滤液冷却后，再倒入喷瓶中。自制皂液完成。

扫码观看视频

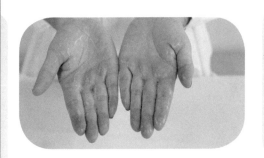

一起来看看我们自制的皂液有没有起泡、清洁的效果吧。我们可以把自制皂液当作洗手液,喷在手上,搓出泡沫,把手洗干净。

拓 展 思 考

　　除了可以应用于洗涤方面,表面活性剂因其独特的物理化学性质而成为众多应用领域的关键成分,发挥着重要作用。你知道表面活性剂还有哪些作用?它可以应用于哪些领域?

保湿美容霜

（扫描第 2 页二维码可见参考答案）

澡豆与胰子

南朝宋刘义庆《世说新语·纰漏》记载了一则轶事：晋代王敦刚与公主成亲，如厕后，"既还，婢擎金澡盘盛水，琉璃碗盛澡豆，因倒着水中而饮之，谓是干饭。群婢莫不掩口而笑之"。说的是王敦误将用来洗手、洗面的澡豆当成干粮吃掉。通过这则故事，我们可以一窥古人在盥洗方面的生活习惯和文化特点。让我们一起来了解古人如何制作澡豆，它为何可以被当作盥洗用品？除了澡豆，古人还采用哪些方法来盥洗和沐浴呢？

沐浴

一、博学于文

早在先秦时期，古人已经开始利用淘米水洗沐。魏晋时期，出现了以豆子研成的细末作为主料的澡豆，主要为贵族阶层使用。随着时间的推移，澡豆的使用逐渐普及。唐代时，澡豆已成为士大夫阶层不可或缺的生活必需品。到了宋代，澡豆已在民间普及。在混合皂角、豆粉及香料的"肥皂团"出现之前，澡豆几乎是全能盥洗用品。关于淘米水、澡豆的制作与使用，在古籍中均有记载。

⚘ 文献一

三日具沐。其间面垢，燂①潘②请靧③。

——《礼记·内则》

注释：

①〔燂（xún）〕烧热。

②〔潘（pān）〕淘米水。

③〔靧（huì）〕洗脸。

译文：

每三天（为父母）洗一次头，这期间（如果父母的）脸脏了，就烧热淘米水为他们洗脸。

⚘ 文献二

面脂手膏，衣香澡豆①，仕人贵胜②，皆是所要。

——〔唐〕孙思邈《千金翼方·妇人面药第五》

注释：

①〔澡豆（zǎodòu）〕古代洗浴用品。用豆粉加香料等，经自然干燥制成的豆状物或块状物，也可加入磨成糊状的猪胰和药物，有去污、润

肤和保健的功效。

②〔贵胜（guìshèng）〕尊贵而有权势者。

译文：

擦脸油、护手膏、熏衣香和澡豆都是士大夫和显贵所必需的（生活用品）。

◆ 文献三

凡浣故帛，用灰汁则色黄而且脆。捣小豆为末，下绢筛①，投汤中以洗之，洁白而柔肕②，胜皂荚矣。

——〔北魏〕贾思勰《齐民要术·杂说》

注释：

①〔筛（shāi）〕筛子。

②〔肕（rèn）〕同"韧"。柔韧。

译文：

凡是旧丝帛用灰汁清洗，颜色会变黄，质地也会变脆。把小豆捣成粉末，用绢筛将细粉筛入热水中，用这个水来洗丝帛，洗得洁白而柔韧，比皂荚好。

二、博物致知

在古代，"沐浴"一词蕴含着丰富的文化内涵。其中，"沐"指洗头发，"浴"指洗身。同样，"洗澡"的"洗"本指洗脚，"澡"本指"洗手"。这些词汇的精确使用不仅表明了古人对于不同清洁行为的明确区分，还反映了古代社会对于个人卫生和整洁的重视。

自西周时期起，沐浴礼仪逐渐形成一套完备的制度，在社会生活中占据重要地位。在人们心目中，沐浴并不仅仅是一种洁身净体的日常行为。在祭祀等重大场合，人们要事先沐浴净身，以示内心洁净虔诚，这称为"斋"，亦称"斋戒"。它已成为西周朝廷祭祀礼仪的重要组成部分，并由专职官员负责管理。这些在《周礼》中均有记载。先秦时期，沐浴已被视为一种隆重的礼仪活动。那么，古人具体采用了哪些沐浴和盥洗方法呢？

꒰ 淘米水 ꒱

淘米水

先秦时期，人们普遍使用淘米水作为洗沐用品。淘米水的去污能力主要来源于大米在清洗过程中摩擦产生的淀粉碎屑。这些淀粉具有吸附作用，能够有效去除皮肤表面的污垢和油脂。同时，淘米水中含有生物碱，这种物质可以很好地分离油垢。此外，淘米水中的蛋白质具有两亲性，能够吸附并带走油垢。这些特质使得淘米水成为简单易得而有效的清洁用品。

值得一提的是，淘米水中含有丰富的 B 族维生素。这些维生素能够促进头发色素细胞生成黑色色素，有助于帮助头发变黑。而淘米水中的营养成分可以滋润皮肤，长期使用淘米水洗澡，能使皮肤变得更加光滑细腻，起到保养皮肤的作用。

꒰ 澡豆 ꒱

澡豆的主要原料是豆子磨成的细粉，俗称"豆面儿"，具有清洁、去油腻、去异味等作用。魏晋南北朝时期，澡豆在上层

豌豆

社会中开始受到广泛的欢迎。晋代葛洪《肘后备急方》记载了最早的一款澡豆配方，描述了名为"莘豆香藻法"的澡豆制作方法。这一配方以莘豆一升为主料，添加白附、芎䓖、白芍药、水栝蒌、章陆、桃仁、冬瓜仁各二两，经过"捣、筛、和合"等工序制成。这里的"莘豆"就是豌豆。豌豆粉含有淀粉，能吸附污垢，且其富含皂素，使澡豆的去污能力显著增强。而莘豆在汉代时才从西域逐渐传入中国，因而当时用此方制成的澡豆极其珍贵。

随着时间的推移，澡豆的原料发生了改变。莘豆逐渐被白豆、绿豆和小豆等其他豆类所代替。例如，唐代孙思邈《备急千金要方》中有"澡豆方"已采用白豆面、赤小豆或大豆末作为主要成分，而《千金翼方》中的"澡豆方"采用了"白豆屑"。清代《医宗金鉴》记载的一款澡豆配方则添加了"团粉"，指的是绿豆粉。

各种豆子

相较于之前的纯天然清洁用品，澡豆的制作方法显得更为烦琐。淘米水之类的清洁用品，其制备过程相对简单，不需要过多的加工步骤，也不用添加物。澡豆的出现，可以说是开创了人工合成洗涤用品的先河。澡豆使用了各种"添加剂",其中出现频率较高的是具有滋润作用的猪胰。

《备急千金要方·上七窍病·面药第九》有一个澡豆方,用于"洗手面,令白净悦泽"。该配方为:"白芷、白术、白藓皮、白蔹……芎劳(各一两),猪胰(两具大者细切)、冬瓜仁(四合)、白豆面(一升)、面

澡豆

(三升),溲猪胰为饼,曝干捣筛。上十九味,合捣筛,入面、猪胰拌匀,更捣。每日常用,以浆水洗手面,甚良。"由此可见,古代的澡豆是以豆粉为主,配合各种药物,并将猪胰洗净、研磨成粉状,混合制成。从科学角度来看,猪胰腺中含有的消化酶具有显著的去污效用,而豆中的卵磷脂能增强澡豆的起泡力与乳化力。这种组合不仅加强了清洁效果,还具备润肤养肤的功效,可谓一举两得。此外,不同的澡豆配方因其所用的药材组合的差异,功效不尽相同。

胰子

胰子

到了宋代,澡豆的制作工艺经历了提升。人们开始将天然皂荚捣碎研细,加入香料,制成橘子大小的球状清洁用品,这就是香皂的初始形态。明清时期,古代香皂的制作技术得到了完善,制成品的去污能力变得更强。在研磨猪胰的过程中,加入了砂糖。天然纯碱开始取代豆粉成为重要成分。此外,动物脂肪也被引入配方中。各种成分混合均匀后,被压制成球状或块状物,民间称之为"胰子"或"香胰子"。至今在某些地方,人们仍沿用这些称呼。这种胰子因其出色的清洁和润肤效果成为当时女性喜爱的洗涤用品,但由于其制作工艺的复杂性,其价格相对较高。

❧ 能去污的酶 ❧

消化酶有去污功能。那么消化酶是如何去污的呢？消化酶是一种生物催化剂，能够加速化学反应的进行，从而分解食物中的大分子物质。其中，最常见的消化酶有蛋白酶、脂肪酶和淀粉酶。在洗涤剂中，消化酶的应用主要依赖于它们对特定污垢的分解能力。蛋白酶是用于洗涤剂的一类重要酶制剂，它可以将蛋白质水解成可溶性的氨基酸。如果衣物上的污垢是含有蛋白质的物质，如血、奶和蛋等，与衣物的纤维紧密结合，就不容易被水和表面活性剂等去除。但蛋白酶能将它们分解成氨基酸，使其较容易分散于溶液中，就易于将其从衣物上去除。脂肪酶能够分解脂肪，将大分子的甘油三酯分解为小分子的甘油和高级脂肪酸或高级脂肪酸盐，从而有效地去除衣物上的油脂类污渍。此外，油脂在氧化过程中会产生一些使衣物变黄、变黑的物质，脂肪酶也能够有效地分解这些物质，防止衣物变色。淀粉酶可以水解淀粉和糖原，生成糊精和麦芽糖后从衣物上去除。衣物上常见的淀粉类污垢，如巧克力、马铃薯泥、面条和粥等，易于被含有淀粉酶的洗涤剂去除。由于衣物或皮肤上的污垢往往同时包含蛋白质、脂肪和淀粉等成分，同时含有这些消化酶的洗涤剂能够更全面地去除各种类型的污渍，大大提高去污效果。古人在澡豆和胰子等清洁产品中加入猪胰成分，这一做法体现了实践的智慧。

三、博古通今

从原始的淘米水，到结合中草药精华的澡豆，再到改良工艺的胰子，这个演变过程是我国古代清洁沐浴用品的发展历程。无论古人使用的是何种洗沐用品，它们都有一个共同的特点，那就是天然环保的属性。古代洗沐用品除了关注清洁效果，还着重于其香味及药用价值的融合。这种对香料的使用与药材的添加，也同样应用于现代的洗沐用品中。

添加各种香料、精油的肥皂

如今，市场上的香皂种类繁多，其中还有添加了硫磺、硼酸等具有除菌消毒作用成分的药皂。近年来，手工皂因其天然成分和可个性化定制的特点而受到人们的青睐。手工皂的制作基于皂化反应，主要使用天然油脂与碱液，还可根据个人喜好与需求，加入牛乳、精油、香精、花草和中药药材等不同的添加物。尽管手工皂与古代的澡豆、香胰子在概念上有一定的相似性，但随着科技的发展，现代手工皂在制作工艺上更为先进和成熟。根据制作方法的不同，手工皂可分为冷制皂、热制皂、再生皂和融化再制皂。冷制皂是在低于 40 摄氏度的条件下进行皂化，能够保留油脂中的营养成分，但其制作时间较长。热制皂则利用高温加速皂化过程，其制作时间短，但油脂中的营养成分容易在高温下流失。再生皂是通过将冷制皂刨成丝，加热熔成糊状后加入牛奶、精油等添加物，再重新凝结而成的。融化再制皂是将基于化工制成的皂基加热融化后，添加精油、香精、色素等添加物而制成的。

手工皂工作坊

四、博识广践

让我们学习古人制作澡豆的方法，在此基础上进行配方的优化与创新，制作出既可清洁又能护肤的简易版澡豆吧。

材料与工具

材料：丁香若干、玫瑰花瓣若干、蜂蜜适量、糯米若干、绿豆若干、白芷粉若干。

工具：塑料碗（若干）、大勺、小勺、罐子、研钵（2个）、研杵（2个）、电饭锅。

（注意：使用工具时务必注意安全，须在家长监护下操作。）

① 熬粥

　　将绿豆、糯米洗净，放入电饭锅中，加入1：1左右的水，熬制成浓稠的粥。冷却后待用。

② 研磨材料

　　将冷却的粥放入研钵后，用研杵研磨至无大颗粒绿豆和糯米。将丁香、白芷粉分别研磨成细粉状，将玫瑰花瓣撕成小块，分别装入小碗待用。

扫码观看视频

③ 混合材料

用大勺分别舀1勺白芷粉和1勺丁香粉加入研钵。用小勺分别舀2勺研磨好的粥和1勺蜂蜜加入研钵。最后，加入少量撕碎的玫瑰花瓣。

④ 揉制澡豆

将材料搅拌混合均匀后，用手将其搓成多个直径为1—2厘米的小圆球。将小圆球晒干后，放入盛有干燥豆粉的罐中，摇晃，使其充分接触豆粉。最后，撒上少许玫瑰花瓣，自制的澡豆就完成啦，可以将其装入罐中。

我们可以在沐浴时使用自制的澡豆，将它放在掌心，加少量水，轻轻揉搓成糊状，体验一下它与现代洗浴用品在使用感受上有何不同。

你是否还了解其他洗涤去污产品或方法？说一说它们各自是依据什么原理来达到去污效果的吧。

洗衣用品

（扫描第 2 页二维码可见参考答案）

面脂与手药

在现代社会中，护肤已经演变为专门的学科，化妆品科学与技术涉及化学、生物学、皮肤科学、药学和工程学等多个学科，是综合性、跨学科的领域。日常护肤也已经有了一套专业的护理流程。这些流程涵盖了清洁面部的卸妆油和洗面奶，为肌肤滋润保湿的保湿水、润肤露和面霜，以及用于护理和保护皮肤的护手霜、防晒霜等多种产品。这些护肤产品的出现和普及，标志着人们对美容保养认识的发展。爱美之心，人皆有之。我们不由得好奇，古人又是如何护肤的呢？古代文献提及的面脂和手药，是否就是古人所用的护肤品？

靓妆图

一、博学于文

古人主要利用动植物提取物，辅以香料和色素等成分来护肤。古人护肤大致涵盖了面部护肤、手部护理和皮肤问题治疗等方面。关于面脂、护手用品等护肤品的制作和使用，在古籍中均有记载。

> 📖 文献一
>
> 故善①毛嫱②、西施之美，无益吾面；用脂泽③粉黛④，则倍⑤其初。
>
> ——《韩非子·显学》

注释：

① 〔善（shàn）〕夸赞。

② 〔毛嫱（Máo Qiáng）〕即毛嫱。春秋时的美女。

③ 〔脂泽（zhīzé）〕胭脂和润发的油膏。

④ 〔粉黛（fěndài）〕搽脸的白粉和画眉的青黑色颜料。

⑤ 〔倍（bèi）〕使……加倍。

译文：

所以赞美毛嫱、西施的美貌，对我的容貌毫无益处；使用胭脂、发膏、白粉、眉黛，就能让我比原来加倍好看。

> 📖 文献二
>
> 合①面脂法：用牛髓②。（牛髓少者，用牛脂和之。若无髓，空用脂亦得也。）温酒浸丁香③、藿香④二种。（浸法如煎泽方。）煎法一同合泽，亦着青蒿⑤以发色⑥。绵滤着瓷、漆盏中令凝。
>
> ——〔北魏〕贾思勰《齐民要术·种红蓝花、栀子》

注释：

①〔合（hé）〕调制，配制。

②〔牛髓（niúsuǐ）〕牛的骨髓。此处指牛骨髓油。

③〔丁香（dīngxiāng）〕又称鸡舌、丁子香。其干燥花蕾可入药，也是重要的香料。

④〔藿香（huòxiāng）〕多年生草本植物，茎、叶可提取芳香油并可供药用。

⑤〔青蒿（qīnghāo）〕又称香蒿、香青蒿。菊科草本植物，茎、叶可入药。

⑥〔发色（fāsè）〕呈现色彩，增加色泽。

译文：

配制面脂的方法：用牛骨髓油。（如果牛骨髓油比较少，可以加上些牛脂。如果没有牛骨髓油，全部用牛脂也可以。）用温热的酒浸泡丁香、藿香两种香料。（浸法和配制润发油膏一样。）煎法与配制润发油膏一样，也加些青蒿来让油膏增加色泽。用丝绵过滤，倒入瓷或漆盏里面，让膏体冷却凝固。

🌸 **文献三**

唇脂，以丹作之，象①唇赤也。

——〔东汉〕刘熙《释名·释首饰》

注释：

①〔象（xiàng）〕类似，像。

译文：

唇脂，是用朱砂制作的，颜色类似嘴唇的红色。

二、博物致知

古人护肤，第一步是清洁，第二步就是涂面脂和唇脂。面脂的使用可追溯至周代，而到了唐代，人们已经开始使用彩色面脂。除了面部护肤，古人同样注重手部护肤。他们利用各种天然材料，创制了原始形态的"护手霜"——手药。

❧ 面脂与唇脂 ❧

古人利用脂类护肤。脂类护肤品有面脂和唇脂之分：面脂主要用于涂抹面部，也被称为面膏或面药。面脂多为白色，起到滋润和保护皮肤的作用，类似现代的润肤霜。除了基本的滋润作用外，大部分面脂的配方中还加入了多种中药成分。这些成分不仅使面脂具有美白、祛皱和祛斑等额外的功效，还能使面色更加光润。唇脂则是用于涂抹嘴唇的护肤品。在唇脂的制作中，通常会添加一种红色的矿物质颜料——丹，即朱砂。然而，朱砂本身不具备黏性，其附着力欠佳，涂抹在唇上易被口沫融化。为了解决这个问题，古人在朱砂中掺入适量的动物脂膏，这样不仅增强了唇脂的防水性能，还增加了其色泽，并有助于预防唇裂等唇部问题。

古人护肤

❧ 手药 ❧

古人用"纤纤""玉手""素手""柔荑"等词语来形容女子的手美，反映了其对手部美观的重视。在中国，作为一种对自身的美化修饰，女性保养手部肌肤的历史源远流长。其中，最关键的是保持手的柔软与白皙。正如护肤使用各式各样的面药，护手也有专门的手药，相当于现在的护手霜。猪胰是手药制作中常用的一味主料。北魏贾思勰《齐民要术》记载"合手药法"：取猪胰一副，把附着的脂肪组织摘掉，加上青蒿叶子，在好酒里用力揉搓，让汁液滑腻。用猪胰浸出液涂抹手和面部，能够防止皮肤皲裂。

❧ 油脂 ❧

面脂、唇脂和手药等护肤品的主要成分都是油脂。油脂包括油和脂肪，有时也包括蜡类在内。从化学构成上看，油脂是由碳（C）、氢（H）和氧（O）三种元素构成的有机物。在自然界中，油脂通常是由高级脂肪酸与甘油结合形成的酯类混合物。这些混合物可以从自然界中的动物、植物中提取得到。根据来源和性质，油脂可分为植物油脂、动物油脂和微生物油脂。在常温下呈液态者称为"油"，呈固态或半固态者称为"脂"。植物油脂在常温下通常为液态，如橄榄油、大豆油，也有呈固态的，如可可

橄榄油

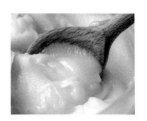

猪油

脂等。动物油脂在常温下为固态或半固态，如猪油、牛油。其中海洋动物油脂通常呈液态。微生物油脂是细菌、霉菌、酵母菌和藻类等微生物在一定条件下，在自身组织内产生的油脂。蜡是主要由高级脂肪酸与高级一元醇结合形成的酯类物质，多存在于植物的叶、茎和果实的表皮部分。此外，动物所产生的蜡类有蜂蜡等。

在护肤品中加入油脂具有多重效果。第一，油脂能够在皮肤表面形成一层油膜屏障，起到保护皮肤、抑制皮肤水分蒸发和保湿的作用。第二，油脂能够溶解油溶性污垢，这在卸妆油等卸妆产品中体现得尤为明显，油脂成分可以有效地去除皮肤上的油脂和污垢。第三，油脂对于皮肤和毛发具有滋润作用，还能够增加皮肤和毛发的弹性和光泽，使其看起来更加健康。第四，固态的油脂能够为护肤品提供一定的外观形态，使其更趋向于固态化。这不仅使产品更易于使用，还能增加产品的稳定性和持久性。

三、博古通今

在现代护肤品中，许多产品依然沿用了古代以天然材料为主的特点。护肤品通常分为油相和水相两种。古代护肤品的油相成分主要来源于从天然动植物中提取的油、脂和蜡，而现代的油相成分在选用天然材料提取物的同时，也添加了人工合成材料。古代护肤品的水相成分以水、酒、植物汁液等为主，而现代护肤品则在此基础上添加了甘油等保湿剂，以增强其保湿效果。随着科技的发展，人们从天然动植物中提取了更多的天然乳化剂，如卵磷脂、羊毛脂和茶皂素等。它们通常具有较高的黏度，易于乳化，稳定性强且无刺激性，无毒副作用，这使得现代护肤品的稳定性更好，适用性更广泛。此外，现代护肤品还根据需求添加碱性物质，以调节溶液的酸碱性，并添加防腐剂以抑制微生物生长。

在古人的护肤步骤基础上，现代人发展了更为精细的护肤方法。为了满足皮肤保湿、滋润和修护的需求，衍生出了各种护肤产品，如护肤水、精华液、眼霜、乳液、面霜等。此外，为了预防皮肤晒伤、衰老和发炎等问题，还增加了防晒、卸妆等步骤。虽然护肤用品随着时代的发展不断升级，效果持续改善，但在使用原料上，天然材料始终占据主导地位。

现代护肤品

四、博识广践

古代护肤品主要以天然动植物为原料，而现代护肤品在此基础上融入了乳化剂等化学成分，以提升其功效。让我们一起来制作护手霜，了解油脂、乳化剂等成分在护肤品中的作用。

材料与工具

材料：水40克、复合保湿剂1瓶、植物油1瓶、乳化剂1瓶、食品级香精若干瓶。

工具：塑料烧杯（4个）、护手霜分装罐、搅拌勺、电子天平。

（注意：使用工具时务必注意安全，须在家长监护下操作。）

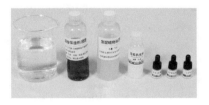

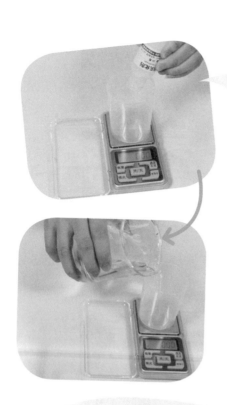

① **称取材料**

用电子天平分别称取乳化剂 2 克、植物油 6 克、复合保湿剂 5 克、水 40 克。

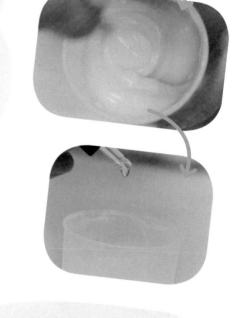

② **混合材料**

将上述材料混合在一起，用搅拌勺搅拌混匀，直到混合材料变成黏稠状的乳白色物质，滴加 3—6 滴食品级香精，继续搅拌均匀。

扫码观看视频

③ **装罐**

用搅拌勺将调制好的护手霜装进罐子，可在盖子上贴上标签。

亲手制成的护手霜，滋润保湿作用如何呢？我们来感受一下吧。

拓 展 思 考

我们的皮肤常常会遇到一些特殊问题，诸如粉刺、痘痘和雀斑等。请查阅资料，了解古人遇到这样的问题是如何护肤和治疗的。

白及

白芷

（扫描第 2 页二维码可见参考答案）

饮食调料

　　南宋时期，已有"盖人家每日不可缺者，柴、米、油、盐、酱、醋、茶"，以及"早晨起来七般事，油、盐、酱、豉、姜、椒、茶"的说法。这反映出油、盐、酱、醋、豉等调料是古人日常生活的必需品。"十口之家，十人食盐；百口之家，百人食盐"反映了中国古代社会对盐的重视和依赖。"酱，八珍主人也；醋，食总管也"则表明了酱和醋在烹饪与调味中的重要地位。这些调料在悠久的中国饮食文化中扮演着至关重要的角色，丰富了古人的日常饮食体验。饮食调料的制作与农业、手工业的发展密切相关。陶具的出现为制作酒、醋、酱等发酵食品和煎煮制盐提供了必要条件。食材的拓展和文化交流为中国的饮食文化增添了色彩。汉代出现的植物油改变了古人主要使用动物油脂（脂膏）的局面。蔗糖制糖工艺的引入，为古人提供了除谷物（淀粉）来源的麦芽糖以外的甜味。民以食为天，我国古人的饮食调料制作技艺大多传承至今，形成了一系列具有中国特色的饮食制造技术。

酒文化是中华饮食文化的重要组成部分，历史悠久且影响深远。自古以来，酒被视为一种珍贵的饮品，常用于祭祀、庆典和宴会等场合。《诗经》描述了酿造春酒，祝祈长寿的场景。《尚书》提到了关于饮酒的礼仪，体现了古代酒文化的庄重。酒文化蕴含了古人的精神追求和审美情趣，酒在社交中也占据了重要地位。民间流传"无酒不成席，无酒宴不欢"一说。中国传承几千年的曲蘖发酵酿酒法是我国特有的一种酿酒工艺，其核心在于使用酒曲和与之相配合的发酵设施及操作技术，使得中国酒在世界酒类中独树一帜。我们将通过了解古代酿酒的发展历程，探究古代酿酒技术的精髓，并学习现代的相关科学原理及其实践应用。

齐鲁酒地风景区酒文化浮雕《东坡醉酒》

一、博学于文

中国古代酿酒的历史源远流长，其起源有很多传说。据《吕氏春秋》记载，夏禹时期的仪狄受命监管酿酒。东汉许慎《说文解字》提到杜康开始用黏高粱酿酒。还有观点认为酿酒始于黄帝时期，当时的酒被称为"醴酪"。关于酿酒的起源，学界尚未达成共识。现在普遍认为中国最早的酒是水果经过自然发酵而成，称为"琼"。同时，动物乳汁也是早期酒品的来源之一，被称作"醴"。随着农业的发展，人们开始利用谷物酿酒，这种酒最早被称为"浆"。

谷物酿酒的发展历史可以划分为三个主要阶段：

第一阶段，在古代的酿酒过程中，发芽的谷物被称为"蘖"，而发霉的谷物被称为"曲"。古人利用这些发芽、发霉的谷物作为引子，催化已经蒸熟或碎裂的谷物，进而制成酒。在古书中，这种引子被称为"曲蘖"，也就是酒曲。

第二阶段，随着生产力的提升和酿酒技术的进步，曲蘖开始分化。在这个过程中，曲取代了蘖，使得用曲酿造的酒（即高酒精度的酒）逐渐取代了以蘖酿制的醴（即低酒精度的甜酒）。

第三阶段，随着酿酒技术的发展，蒸馏设备的出现使得酒精度得到了进一步的提升。古人运用这一新工艺生产出了高酒精度的烧酒，也就是白酒。

以上三个阶段在古籍中有相关的描述。这为我们了解古代酿酒技术的发展提供了宝贵的资料。

📖 文献一

若作酒醴[①]，尔惟曲蘖[②]。

——《尚书·说命下》

注释：

①〔酒醴（jiǔlǐ）〕醴，甜酒。酒醴，酒和醴。也泛指各种酒。

②〔曲蘖（qūniè）〕曲，发霉的谷物，指用于酿酒的发酵物。蘖，生芽的谷物，指酿酒用的发酵物。曲蘖，酒曲，可用于酿酒。

译文：

就像是想要做酒和醴，你就是那发酵用的曲和蘖。

🔖 文献二

古来曲造酒，蘖造醴。后世厌醴味薄，遂至失传，则并蘖法[①]亦亡。

——〔明〕宋应星《天工开物·曲蘖·酒母》

注释：

①〔蘖法（nièfǎ）〕作蘖之法。

译文：

自古以来，用曲（发霉的谷物）酿造成酒精度高的酒，用蘖（发芽的谷物）酿造成酒精度低的甜酒。后来的人不喜欢甜酒的酒味淡薄，（便只用曲来酿酒，）结果导致酿制甜酒的技术和制蘖的方法都失传了。

🔖 文献三

烧酒非古法也，自元时始创其法。用浓酒和糟入甑[①]，蒸令气上，用器承取滴露。

——〔明〕李时珍《本草纲目·谷部·烧酒》

注释：

①〔甑（zèng）〕用于蒸食物的炊具，底部有许多孔，置于鬲（音lì，古代炊具，形状像鼎，三足中空）上蒸食物。

译文：

烧酒的制作并非古代就有的工艺，它的制法始于元代。制作烧酒时，将浓酒和酒糟放入甑中，通过蒸煮使酒蒸气向上蒸发，再用器皿承接收集滴落的液体（，所得即烧酒）。

二、博物致知

在古代农业初期，由于粮食保存技术的局限，粮食常常因保存不当而出现发霉和发芽的现象。这种发霉发芽的粮食含有天然的曲蘖成分。当这些粮食浸泡在水中时，会发酵成天然的酒。古人发现了这一现象，这种天然曲蘖酒受到他们的喜爱。于是，古人利用这一现象，开始尝试人工制造曲蘖，从而酿造出人工酒。在曲蘖酿酒的过程中，古人发现以曲代蘖可以提高出酒率。随着蒸馏技术的应用，古人使用蒸馏器具，酿造出了酒精度更高的烧酒。谷物酿酒的过程是一个生物化学转化过程。在这个过程中，大分子的淀粉在微生物作用下被分解成小分子的简单糖——单糖（如葡萄糖）和双糖（如麦芽糖）。随后，这些糖在微生物的作用下进一步发酵，最终转化为酒精和二氧化碳。完成这个酿酒过程，不仅需要适宜的环境条件，还需要特定的微生物产生的酶的作用。古人很早就掌握了酿酒的技术，并进行了持续的探索。

曲　　　　　蘖

曲和蘖

～ 曲蘖酿酒 ～

在古代曲蘖酿酒的初期，曲蘖主要指酒曲，即用于酿酒的糖化及发酵的引子。在曲蘖酿酒的过程中，糖类在酵母菌所产生的酒化酵素（酶）的作用下，会被氧化转化为酒精。这些糖类包括单糖（如葡萄糖）、双糖（如麦芽糖）和多糖（如淀粉）。然而，并不是所有的糖类都能直接被酵母菌转化为酒精。简单的糖类，如单糖和双糖，能够在酵母菌的作用下转化为酒精，但对于多糖（如淀粉）则需要经过额外的步骤。因此，含

醪糟

大量淀粉的谷物作为酿酒的主要原料，本身并不能直接发酵成酒。不过，受潮发芽的谷物会分泌出一种糖化酵素（淀粉酶），这种酶能将谷物中的淀粉水解成麦芽糖。随后，麦芽糖与酵母菌中的麦芽糖酶接触，进一步被分解为葡萄糖。而发霉的谷物中含有霉菌，这些霉菌所产生的糖化酶能够直接将谷物中的淀粉水解成葡萄糖。这种将淀粉转化为可发酵糖类的过程被称为"糖化"。而这些可发酵糖类在酵母菌的发酵酶作用下，经过一系列的生化反应，最终生成酒精。这一过程被称为"酒化"。可见，曲蘗酿酒的过程涉及糖化和酒化两个关键步骤。在这一阶段，通过曲蘗的作用，酿制出的是酒精度相对较低的甜酒，相当于现在的醪糟（米酒）。

༒ 以曲代蘗 ༒

在酿酒过程中，曲主要用于糖化过程，而蘗则常用于生成麦芽糖。现代微生物生化实验证实：曲菌的糖化率一般高于麦芽的糖化率。这一优势主要源于曲中的多种霉菌，它们能够产生糖化酶，进而有效地将淀粉水解为酵母可直接利用的葡萄糖，增加了酵母的发酵基质浓度，从而更利于酒精的产生。古人在酿酒实践中，逐渐将曲与蘗的功能分化，并最终实现了以曲取代蘗的转变。这一进步不但提高了出酒率和原料的利用率，而且拓宽了酿酒原料的范围，使得含有淀粉的植物都可作为酿酒原料。不同原料的制曲处理方法、配方和工艺要求各有不同。这一阶段，随着制曲技术和酿酒发酵技术的进一步发展，出酒率得到了提高，推动了酒精度的相应提

升。这是古人认识到制曲与微生物之间的密切关系，并从中总结规律和经验后，应用于长期生产实践的结果。

∾ 蒸馏制酒 ∾

酿造酒中的酒精浓度不会太高，这主要是因为当酒中的酒精浓度超过 10% 时，会抑制酵母菌的发酵活性，从而阻碍酒精的继续产生。为了得到更高的酒精度，必须采用蒸馏的方法。蒸馏酒是通过将酒液、混有沉淀的酒或未过滤的酒加热，收集产生的酒蒸气并冷凝成液体的过程。其原理是基于酒精的沸点与水的沸点的差异，加热原发酵液至两者沸点之间，从液体中蒸出并收集酒精成分物质。这一蒸馏过程显著提高了酒中所含酒精的纯度，产生了口感辛烈、气味辛辣的烧酒，即白酒。这一阶段，蒸馏技术的应用不仅大幅提高了酒的酒精度，还提供了新的生产方法，代表了我国制酒技术的重大进步，对后世众多酿酒工艺产生了深远的影响，至今仍然是许多制酒过程中的重要技艺。

白酒

三、博古通今

酒曲是酿酒过程中实现糖化及发酵的"菌源"，是一种含有大量能发酵的活微生物或其酶类的发酵剂或酶制剂，一般用粮食或麸皮、糠等粮食副产品培养特定的微生物而制成。酒曲中微生物的种类因酿造用途各异而不同。比如，酿造白酒所用的大曲主要含有曲霉和少量酵母等微生物，而小曲则主要含有根霉、毛霉和酵母。在中国古代，独特的酿酒工艺依赖于酒曲的运用，以及与之配合的发酵设备和操作技术。古人通过长期的实践，逐渐积累了培养和优化这些微生物菌系的丰富经验。这些经验为现代微生物工业的发展提供了思路和技术借鉴。现代生物技术的基础正是微生物发酵工程，它是利用微生物的特定性状生产有用物质或进行工业化生产的一种技术体系，其原理和方法受到古代酿酒工艺中微生物应用的诸多影响。

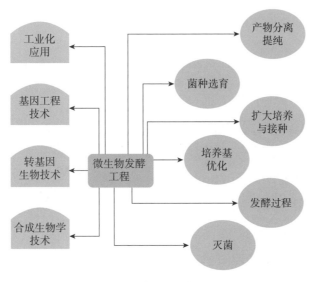

微生物发酵工程概图

四、博识广践

不同的谷物原材料可酿制成风味各异的酒。比如，啤酒的主要原料是大麦芽，黄酒的主要原料是稻米或小米，白酒的主要原料是高粱等各种粮谷，米酒的主要原料是糯米。其中，米酒不仅制作材料简单，其营养成分还易为人体吸收，是一道传统美食。让我们一起来自制米酒吧。

材料与工具

材料：糯米 200 克、甜酒曲 1 克、凉白开 50 毫升。

工具：保鲜盒、筷子、蒸锅、纱布、碗。（室温低于 20 摄氏度时需要准备棉被之类的保暖物）

（注意：使用工具时务必注意安全，须在家长监护下操作。）

① 蒸熟糯米

将约 200 克糯米洗净，浸泡约半天，浸至米粒可搓碎即可。糯米沥水后，放到已垫好纱布的蒸锅中铺平，蒸熟。待糯米饭冷却至 35 摄氏度左右，将其倒入干净的保鲜盒中。

扫码观看视频

② 拌甜酒曲

在糯米饭上撒约 I 克甜酒曲，加入约 50 毫升凉白开，与糯米饭搅拌均匀。

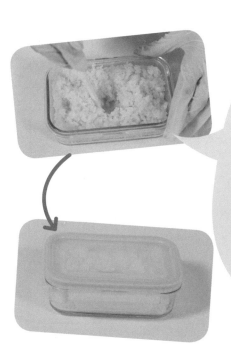

③ 压紧发酵

将搅拌好的糯米饭压平，用筷子在其中间打个直径约 2 厘米的孔，盖上保鲜盒盖。放在温暖的地方发酵（若室温低于 20 摄氏度，需要用棉被等保暖物裹紧保温盒，给糯米饭保温）。2—3 天后，自制米酒就完成了。

发酵成功的米酒，酒香浓郁，酒汁甜蜜。糯米饭的口感绵软，十分香甜。

在世界酿酒发展史上，中国白酒、威士忌和白兰地是三大著名的蒸馏酒。你知道它们的原料、酿造工艺等的异同点吗？请查找资料，完成下列三大名酒的比较。

对比项目	名称		
	中国白酒	威士忌	白兰地
主要原料			
酒体颜色			
香味成分			
酒精度			
酿造步骤			
酿造工艺特点			

（扫描第 64 页二维码可见参考答案）

醋是中国烹饪中常用的调味品。古人将醋称为"醯""酢""苦酒"等。在中国，醋的起源可以追溯到周代，酿造醋的历史已有三千余年。不同地区出产的醋具有独特的风味和制作工艺，代表了各自地区的饮食文化和传统。历经传承与发展，山西老陈醋、江苏镇江香醋、福建永春老醋和四川保宁醋等，都是我国的名醋。我们可以通过了解古代酿醋的制造工艺，结合现代相关科学原理和技术应用，来更好地理解中华民族的传统文化。

阆州古醋制造工艺流程

一、博学于文

醋的起源和早期用途存在多种不同的说法。早在周代，醋就已经开始被用于宫廷和礼宴中。春秋战国时期，酿醋的工艺得到了普及，民间已经有了专门酿醋的作坊。汉代，醋的制造已经形成了一定的规模，醋作为调味品的普及程度也随之提高。南北朝时期，酿醋工艺继续发展，醋的产销量已相当大。醋最终成为人们日常生活中不可或缺的调味品。

> 📍 文献一
>
> 　　子曰："孰谓微生高[①]直？或[②]乞[③]醯[④]焉，乞诸[⑤]其邻而与之。"
>
> 　　　　　　　　　　　　　　　　　　——《论语·公冶长》

注释：

① 〔微生高（Wēishēng Gāo）〕春秋时鲁国人。

② 〔或（huò）〕有人。

③ 〔乞（qǐ）〕讨要。

④ 〔醯（xī）〕醋。

⑤ 〔诸（zhū）〕"之于"的合音。

译文：

　　孔子说："谁说微生高这个人直率？有人向他讨要一点醋，他（不直说自己家没有，）却向邻居讨来给那人。"

> 📍 文献二
>
> 　　长安为之语曰："宁饮三升酢[①]，不见崔弘度[②]。宁茹[③]三升艾，不逢屈突盖[④]。"
>
> 　　　　　　　　　　　　——〔唐〕魏征等《隋书·列传第三十九》）

注释:

① 〔酢（cù）〕"醋"的本字。

② 〔崔弘度（Cuī Hóngdù）〕北周、隋朝名将，性格严厉残酷。

③ 〔茹（rú）〕吃。引申为忍受。

④ 〔屈突盖（Qūtū Gài）〕隋末唐初武将，以严厉苛刻而闻名。

译文:

长安城里的人为此有谚语道："宁可喝三升醋，也不要见到崔弘度。宁可吃三升艾酒，也不要遇到屈突盖。"

📖 文献三

今官贩苦酒①，与百姓争锥刀之末②，宜③其息绝。

——〔北宋〕李昉等《太平御览·卷八百六十六》引《魏名臣奏》

注释:

① 〔苦酒（kǔjiǔ）〕醋的别名。

② 〔锥刀之末（zhuīdāozhīmò）〕锥刀，比喻微细，微薄。锥刀之末，比喻小事，微薄的利益。此处比喻微不足道的利益。

③ 〔宜（yí）〕应当，应该。

译文:

如今官府也贩卖食醋，与百姓争夺蝇头小利，应该杜绝这种行为。

二、博物致知

古代勤劳智慧的劳动人民在实践中积累了丰富的酿醋技术。《齐民要术》中记载了20多种酿造醋的技术。这些技术主要可划分为四类：粮食作物酿醋、加曲酿醋、利用酒或酒糟酿醋，以及其他酿醋方法。根据食醋的发酵原理，我们可以将古代制醋的发酵技术分为三种类型。其中，以粮食为主要原料的复式发酵法和以酒为主要原料的酒精氧化制醋法，这两种方法在古籍中多有记载。还有一种是以糖类为主要原料的糖质发酵制醋法。这些技术体现了我国古代制醋技术的多样性和复杂性。

传统醋

～ 用粮食造醋 ～

粮食造醋法主要包括糖化、酒化和醋化三个发酵生化步骤。其关键原理在于醋酸菌能够利用可发酵性糖和酒精作为营养源，通过一系列生物化学反应生成醋酸。

从现代生物化学的角度来看，用粮食酿造食醋的过程是粮食中的大分子淀粉先经过蒸煮、糊化和液化等处理，再通过曲中霉菌的作用进行糖化，转化成小分子简单糖，例如葡萄糖。属于专性需氧菌的醋酸菌能利用这些葡萄糖经酵母菌发酵产生的酒精，它先将酒精（乙醇）氧化为乙醛，然后再将乙醛进一步氧化为醋酸。醋酸菌在缺少糖源的情况下，更倾向于将酒精作为碳源。在氧气和葡萄糖充足的环境中，醋酸菌可直接将葡萄糖氧化成葡萄糖酸，进而转化为醋酸。这种利用粮食作为原料酿造食醋的技艺，体现了我国独特的造醋技术。

此外，现代科技研究和实验证实：麦麸中的碳源和氮源的比例很适合微生物，特别是霉菌的生长和繁殖，其含有的微量无机成分也较为丰富，为米曲霉等微生物提供了必要的营养，故而是一种优质培养基。在明代，人们已发现了利用麦麸酿醋的优点，制成米曲霉麸曲，并用大米和麦麸进行液态发酵来酿醋，称为造麸作醋法。在酿醋的发酵过程中，人们需要多次手工翻动醋醅这一混合物，并将其放入炉火上的大缸进行熏醅，控制好火候，使醋醅保持适当的温度，多次翻动。随后，进行淋醋，将熏好的醋醅通过淋滤的方式分离出来，得到成品食醋。还可将新得的醋进行陈酿，经过一段时间后，就能够使醋的风味更加浓郁，成为营养丰富、口感醇厚的陈醋。而《齐民要术》记载的笨曲（形体较大的曲）酿醋法则采用以根霉菌为主的砖曲，因其被压制后形成厌氧状态，这种环境不利于好氧菌米曲霉的生长，但有利于根霉菌的快速生长和繁殖。

🎵 用酒或酒糟造醋 🎵

这类用酒或酒糟造醋的方法主要依赖醋酸发酵，这是一个单一的生化步骤，只涉及酒精的氧化。根据原料的不同，发酵过程可以分为液态和固态两种形式。以酒为原料时，醋酸发酵过程通常在液态条件下进行；以酒糟为原料时，醋酸发酵过程则通常在固态条件下进行。《齐民要术》记载的"动酒酢法"是一种自然发酵方法。所谓"动酒"是做出来之后变酸的酒，虽不适合饮用，但可以用来做醋。这种方法需要以一斗酒加三斗水的比例进行稀释，其目的是达到野生醋酸菌繁殖所需的浓度，从而使得醋酸发酵产酸的过程更好地进行。七天之后，在露天中放置的原料表面会生成一层"衣"——古人称微生物繁殖后的菌体。这里的"衣"指的就是醋酸菌。"动酒酢法"强调不需要移动或搅动原料，这是因为这种方法所使用的醋酸菌属于非好氧的弱氧化型，不需要额外的氧气供应，所以不需要搅动原料来透气。而"大麦酢法"使用的是好氧的强氧化型醋酸菌，因而发酵过程开始后，需要连续多次地搅动原料，以确保充足的氧气供应，不搅就会长出白霉，醋的香气和味道就不好。可见，古人对微生物的生理特性和代谢产物等已有高度的科学认识，并能将其应用于实践中。

与酿酒相比，酿醋是在酒精形成后添加了醋曲（醋酸菌）进行醋酸发酵，将酒精转化成醋酸。对于酿酒而言，醋酸菌是有害菌，因为它会导致酒酸化，从而使得酿酒失败。但对于酿醋而言，醋酸菌则是必不可少的有益菌，如果产醋量不足或发酵不完全，就会使酿醋失败。

三、博古通今

醋是一种经醋酸菌发酵制成的含有醋酸的液态调味品。我国酿醋原料广泛，包括米、麦、高粱、酒、酒糟和蜂蜜等。北方多用高粱、大麦、小米、豌豆、玉米等原料，南方多用米和麸皮等，也用低度白酒作为原料。在现代山西老陈醋的酿制中，采用了高粱、麸皮和谷糠等作为发酵底物，这与《齐民要术》记载的"秫米酢法"在用料上有许多相似的地方。此法中的秫米就是黏高粱，粟米就是带皮的小米。这说明现代酿醋工艺在一定程度上是我国古代酿醋传统的继承和发展。古人的酿醋方法强调了对于温度、湿度和酸度等环境因素的控制，以及对于发酵过程的精细管理，这对现代醋酿造的工艺控制、微生物的培养与利用等技术的创新也有很大的启示作用。

大米　　　　　　大麦　　　　　　高粱

小米　　　　　　糯米　　　　　　麸皮

谷糠　　　　　　玉米　　　　　　豌豆

酿醋的主要原料

四、博识广践

除了用粮食和酒作为原料造醋之外，古人也积累了以糖类为原料制醋的丰富经验。例如，利用饴糖制作糖醋，采用桃、葡萄、大枣等果实为原料来制作果醋。如今，人们对水果醋的制作工艺有了更深入的了解。利用含有糖分的水果，经过一系列生化发酵过程，可以制成风味独特、营养丰富的水果醋，苹果醋就是其中的一种。让我们一起来尝试自制苹果醋吧。

📥 材料与工具

材料：新鲜苹果 2 个（约 400—500 克）、果酒酵母 0.5 克、果醋菌 0.5 克、温开水适量、冰糖（或蔗糖）若干。

工具：温度计、水果刀、筷子、勺子、纱布、皮筋、玻璃杯、玻璃罐、砧板。

（注意：使用工具时务必注意安全，须在家长监护下操作。）

① 苹果装罐

使用水果刀、砧板和玻璃罐前，将其洗净并灭菌。玻璃罐须晾干。将两个苹果洗净晾干，去核后切成小块。以铺一层苹果（约半个的量）加一层冰糖（约8块）的方式，将苹果装入玻璃罐中。按玻璃罐的大小加入适量的苹果，注意不要加满，须留有一点空间。

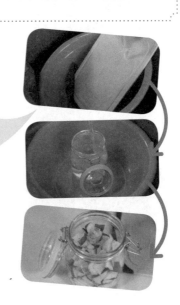

② **果酒发酵**

在玻璃杯中加入约 250 毫升温开水（温度为 35—40 摄氏度），加入一勺冰糖或蔗糖（约 3 克），用筷子搅拌至糖完全溶解。再加入约 0.5 克果酒酵母，搅拌均匀后将液体倒入玻璃罐，另加入温开水（温度为 35—40 摄氏度）至液体没过苹果，用筷子轻搅，将其混合均匀。随后，用洁净的多层纱布封住瓶口，用皮筋固定。发酵过程的温度以不超过 25 摄氏度为宜。每天早晚各用干净的筷子搅动一次，用多层纱布和皮筋封住瓶口。进行酒精发酵约需一周的时间，观察到搅拌时气泡明显变少即可。

③ **果醋发酵**

将约 0.5 克果醋菌均匀撒在酒化后的苹果表面，用多层纱布和皮筋封住瓶口。在发酵过程中，温度以 29 摄氏度左右为佳。两天后，用干净的筷子将其搅匀。此后，每天早中晚各搅动一次，以补充发酵需要的氧气，再用多层纱布和皮筋封住瓶口。进行醋酸发酵，至少需要一周的时间。

扫码观看视频

④ 过滤、煮沸

过滤玻璃罐中的混合物，待液体澄清后，将其煮沸，苹果醋原液就制作完成了。

也可将苹果醋原液勾兑凉白开饮用。你喜欢苹果醋的口感吗？

拓 展 思 考

醋在中国传统烹饪中有重要地位，是常用的调味品。从现代营养学角度来看，醋不仅是调味佳品，还含有醋酸、钙、铁、乳酸、烟酸、甘油、氨基酸、糖、盐和醛类化合物等多种营养物

米醋

质。在健康养生方面，醋被认为具有开胃消食和软化血管等功效。在医疗领域，古籍中不乏以米醋入药的记载。需要注意的是，这些描述反映的是当时的医学知识和实践水平。因此，我们需要结合现代科学研究和医学实践来全面评估醋的药用价值。我们先来找找看古代文献中关于醋的药用价值的记载吧。

（扫描第 64 页二维码可见参考答案）

酱

现代生活中不乏酱类食品。人们用牛肉酱拌饭，吃鸡蛋饼时蘸甜面酱，炒菜加豆瓣酱、虾酱……这些美味的酱是以豆类、面粉、肉类或鱼虾等为主要原料，经过特定的加工工艺制成的糊状食物。我国有着悠久的制酱和食酱历史。夏商周时期，酱被称为"醢"。汉代，人们已经开始制作豆酱。南北朝时期，制作豆酱的工艺已相当成熟。《齐民要术》详尽记述了多种作酱法，可操作性很强。我们通过了解古代制酱的历史发展和制造工艺，来更好地学习现代相关的科学原理和应用。

厦门古龙酱文化园

一、博学于文

在中国古代，最初的酱是由各种肉、酒和盐腌制而成的美食，被称为"醢"。若在其制作过程中加入动物的血液，则被称为"醓"。此外，还有用盐量较少而略有酸味的酱，被称为"醯"。随着酱的演变和发展，其品种日益多样化。古人逐渐发现酱在食物搭配中的重要作用，酱也从主要用来搭配的食品转变为调味品。在制作各种调味酱的过程中，古人开始采用从中取出的汁液"豆酱清"和"豉汁"来调味，它们是酱油的前身。

📌 文献一

作醢①及臡②者，必先脯③干其肉，乃后莝④之，杂以粱曲⑤及盐，渍⑥以美酒，涂置瓶中，百日则成矣。

——〔东汉〕郑玄注《周礼》

注释：

①〔醢（hǎi）〕用肉、鱼等制成的肉酱。

②〔臡（ní）〕带骨的肉酱。也可泛指肉酱。

③〔脯（pò）〕切成块的肉。

④〔莝（cuò）〕铡草。此处指铡碎、剁碎。

⑤〔粱曲（liángqū）〕粱，通"粱"，谷子。曲，含有大量能发酵的活微生物或其酶类的发酵剂。粱曲，此处指用粮食做的酱曲。

⑥〔渍（zì）〕浸泡。

译文：

（用鱼或肉）制作不带骨或带骨的酱，一定要先将肉切块晾干，然后剁碎，混合用粮食做的曲和盐，用美酒浸渍，放在瓶中，泥封瓶口，百日后就制作完成了。

文献二

世讳作豆酱①恶闻雷，一人不食，欲使人急作，不欲积家逾②至春也。

——〔东汉〕王充《论衡·四讳》

注释：

①〔豆酱（dòujiàng）〕用豆子发酵后制成的酱。

②〔逾（yú）〕经过；超过。

译文：

世人忌讳做豆酱时打雷，这样一个人也不吃了，这是想要让人赶紧制作，不想要豆子堆积在家过了春天。

文献三

酱多以豆①作，纯麦者少。

——〔南朝齐梁〕陶弘景《本草经集注·果菜米谷有名无实米食部药物》

注释：

①〔豆（dòu）〕大豆。

译文：

酱多用大豆来制作，纯粹用麦制作的比较少。

文献四

韭菜嫩者，用姜丝、酱油①、滴醋拌食。

——〔南宋〕林洪《山家清供·上卷·柳叶韭》

注释：

①〔酱油（jiàngyóu）〕以大豆为主要原料，经发酵制成的液体调味品。

译文：

嫩的韭菜，用姜丝、酱油，滴上醋拌着吃。

二、博物致知

制酱的原料，从以动物原料为主转变为大量使用植物原料，特别是大豆的广泛应用，极大地促进了酱的生产与普及，使得酱的功能从原先主要用于保存食物和满足人们对咸味的需求，逐步转向以调味为主。古代的酱是将豆类、面粉等原料蒸熟后加以覆盖，进行发酵，加入盐和水等，经过一系列复杂的生物化学反应制成的糊状物。在这一过程中，正是在米曲霉、酵母菌等微生物的共同作用下，酱获得了不同的风味，营养价值得到了提高。随着技术的发展，人们通过压榨酱坯（制酱时经过发酵的豆子）得到酱油，这种生物发酵调味品的制作工艺是在传统制酱技术的基础上发展和完善而来的。

早期的酱

通过观察和实践，古人顺应自然规律，采用大量加盐的方法来保存食物，无意中发现了腌制发酵食物成为酱类食品的方法。最早的酱（醢）是这样制成的：将新鲜的肉类剁碎，加入曲并搅拌均匀，然后装入容器并用泥封口，在太阳下晒两周，待酒曲味变成酱味即成。事实上，酱的原材料非常多样，动物、植物等原料都可以用于腌制。制酱的基本原理是利用食盐的高渗透作用、微生物的发酵作用、蛋白质的分解作用和其他生化作用，降低食物中的水分活度（水分与食物的结合程度），故而能够在制酱过程中选择性地抑制某些有害微生物的繁殖，使得食物在较长时间内不会腐败。同时，这些生化作用还赋予了酱类食品独特的色香味，使其成为一种受欢迎的调味品。

☙ 用作调味料的酱 ❧

常见的用作调味料的酱，主要分为豆酱和甜面酱两大类。其中，甜面酱以小麦粉为主要原料，豆酱则选用大豆、蚕豆、面粉、食盐等作为原料。豆酱的制作过程经历制曲、发酵、晒制等多道工序，是一种营养丰富的调味料。古代劳动人民已经掌握了利用豆类和麦类混合制造豆酱的原理。豆类含有大豆蛋白，而麦类含有大量的淀粉。蛋白质和淀粉的同时存在为米曲霉、酵母菌等微生物的生长和繁殖提供了理想的环境。这些菌体大量代谢，产生各种生物酶，从而加速原料中的不同成分发生一系列生化反应，最终制成了风味独特的豆酱。古人巧妙地利用微生物的发酵作用来制作豆酱，不仅使其营养丰富，还提高了其被人体吸收的效率。这一技术是我国劳动人民在人类历史上的重要发明之一。

甜面酱

豆瓣酱

☙ 酱油 ❧

酱油是一种传统调味品，在有些地区也被称为豉油，其主要原料为大豆、面粉、食盐和水，其酿制过程包括制曲、发酵和提取等关键步骤。古人很早就认识到水中的微生物对酱及酱油发酵过程的影响。他们一般取用清晨的井水，因为此时的水经过一夜的沉淀，所含的杂菌（非酿造所需的微生物）相对较少。清代时，人们开始使用冷开水进行酿造，这一做法能够更有效地降低杂菌对酱油发酵过程的影响。在酱油的生产过程中，长时间的露天晒制是一个重要环节。这一步骤有助于酱油的自然成熟，但需要进行

现代酱油

防雨处理，以防止雨水所带的各种微生物导致制作中的酱油腐败变质。古人储存酱油时，常常采用加热灭菌的方法，这是生化工艺发展中的一个重要进步，延长了酱油的保存期。酱油中的甜味主要源自原料中的淀粉。在曲霉淀粉酶的作用下，原本无甜味的淀粉经水解生成有甜味的葡萄糖和麦芽糖。此外，原料中的蛋白质在发酵过程中会被水解成多种游离氨基酸。这些氨基酸作为蛋白质的基本组成单位，在酱油的风味形成中发挥着重要作用。

三、博古通今

在南北朝时期，古人以大豆为原料生产酱的工艺已基本成熟，此后未发生较显著的变革，其制作理念与现代酱类制品的生产理念基本一致。其中，豆酱和豆豉这两种不同的生产工艺一直延续至今。宋代时，酱油的生产已经形成了一定的规模，并且出现了专门经营酱油的商家。当时，酱油已广泛用于烹饪和腌制食品等。明代所发展的在豆酱的基础上滤出酱油的制作方法，也与现代的民间酱园传统生产工艺相似。这表明，我国古代酱的生产技术得到了传承和发展，形成了具有特色风味的调味品。如今，酱油的制作技术不断改进和创新，出现了多样化类型的酱油，在烹饪中发挥着不同的作用。

浙江绍兴安昌古镇酱园

四、博识广践

豆酱的种类繁多，各具特色。其中，蚕豆酱又被称为豆瓣酱，起源于四川民间，是以蚕豆为主要原料，经过脱壳、制曲和发酵等工艺而制成的一种调味酱。在豆瓣酱的制作过程中，霉豆瓣是关键的发酵半成品。接下来，我们一起来尝试自制霉豆瓣。

材料与工具

材料：开水适量、米曲霉曲精0.5克、面粉30克、新鲜蚕豆500克。

工具：盆、置物架、竹匾、家用电子秤、勺子、量匙、碗、纱布。

（注意：使用工具时务必注意安全，须在家长监护下操作。）

① 处理豆瓣

剥出蚕豆的豆瓣。将约 300 克豆瓣清洗干净，放入开水中烫熟。将豆瓣沥干，平铺在竹匾上摊开，晾至半干，豆瓣表面无明显水分。

② 拌入曲精

在干净的碗中放入约 30 克面粉，加入约 0.5 克米曲霉曲精，混合均匀。随后将其拌入豆瓣中混匀，并将豆瓣摊薄。（注意：豆瓣不能铺得太薄、太分散，否则豆瓣不易发酵；豆瓣也不能铺得太厚，否则升温过高易影响发酵。）

③ 豆瓣发酵

在盛放豆瓣的竹匾上盖上覆盖物。（注意：竹匾上的覆盖物须有湿润度，但不能有水滴到豆瓣上。覆盖物要能透气，且不可碰到豆瓣。）可以打湿另一个竹匾，待其不滴水后，盖在盛放豆瓣的竹匾上。或者用洁净的湿布盖在竹匾上。如果覆盖物干了，就要及时更换，以保持湿润。将盛放豆瓣的竹匾放置于置物架上，在避光的地方进行发酵。（注意：竹匾底部应架空，以确保空气流通。）

扫码观看视频

91

在发酵过程中，由于微生物的代谢活动会产生热量，须控制发酵温度不超过 40 摄氏度，以防止过热对发酵过程产生不利影响。在夏季，由于环境温度较高，需要每天从竹匾的底部翻拌豆瓣以散热，覆盖物可以薄一些，发酵时间需 2—3 天。而在冬季，发酵时间需要延长至 4—6 天，并增加覆盖物的厚度以保温。当豆瓣表面逐渐变成黄绿色并且发干降温时，表明发酵过程已完成。此时，可以将豆瓣放置在阳光下晒干。霉豆瓣的制作就完成了。

霉豆瓣可以用于制作豆瓣酱。这种豆瓣酱味道鲜美，开胃助食，是佐餐的好搭档。此外，加入辣椒等原料，还可制作豆瓣辣酱。

拓 展 思 考

我国制酱和食酱的历史悠久，这一文化传统在语言中也有所体现。你知道哪些与酱有关的成语？

大葱蘸酱

（扫描第 64 页二维码可见参考答案）

糖

中国的饮食文化注重五味调和。在酸、甜、苦、辣、咸五味中，古人尤其偏好甜味。甘甜的味道不仅为人们带来了愉悦的感官体验，还承载了丰富的文化内涵。比如，"苦尽甘来""心甜意洽"等描述"甜"的成语体现了甜味在人们生活中的重要性和美好寓意。甜味的来源主要与食物中的糖类物质有关，它们广泛存在于自然界中，为人类提供了丰富的营养和必要的能量来源。人们不仅善于利用天然的甜味食物，还开始尝试制作种类繁多的糖类食品。让我们一起来了解糖的制作吧。

画糖画

一、博学于文

糖是可食用的糖类及由其加工制成的食品的统称，包括红糖、白糖、饴糖、冰糖和酥糖等多种类型。中国作为世界上最早制糖的国家之一，对于糖的生产和利用有着悠久的历史。在古代，用麦芽、谷芽和米等富含淀粉的原料生产的糖类被称为"饴"或"饧"，而以甘蔗为原料制成的糖被称为"石蜜"。这些古代的糖类制品在历史文献中有所记载，反映了古人对糖味的探寻和制糖工艺的发展。

文献一

饴[1]，米蘖[2]煎[3]也。蘖，芽米也。然则豆饴者，芽豆煎为饴也。

——〔清〕段玉裁《说文解字注·豆部》

注释：

①〔饴（yí）〕用麦芽、米等熬成的糖浆。

②〔蘖（niè）〕生芽的米。

③〔煎（jiān）〕用水熬煮。

译文：

饴糖是用米蘖熬制而成的。蘖是发了芽的米。那么，豆饴糖就是用发了芽的豆子熬制而成的。

文献二

周原膴膴[1]，堇荼[2]如饴。爰[3]始爰谋，爰契[4]我龟[5]，曰[6]止[7]曰时，筑室于兹[8]。

——《诗经·大雅·绵》

注释：

①〔膴膴（wǔwǔ）〕土地肥沃的样子。

②〔堇荼（jǐntú）〕堇，堇菜，味苦。荼，苦菜。

③〔爰（yuán）〕语助词，无实义，用于调节语气。

④〔契（qì）〕刻。

⑤〔龟（guī）〕龟甲。古代用于占卜。

⑥〔曰（yuē）〕语助词，无实义。

⑦〔止（zhǐ）〕居住。

⑧〔兹（zī）〕此，这。

译文：

周原土地真肥沃，连堇菜和苦菜都像饴糖。（大家）开始谋划和商量，再刻龟甲来占卜。占卜结果是在这里定居，在此建造屋舍。

📍 **文献三**

围数寸，长丈余，颇似竹。斩而食之既①甘；迮②取汁如饴饧③，名之曰"糖"，益复珍也。

——〔北魏〕贾思勰《齐民要术·甘蔗》引《异物志》

注释：

①〔既（jì）〕已经。

②〔迮（zé）〕压榨，挤压。

③〔饧（xíng）〕用麦芽、谷芽等熬制的糖浆。

译文：

（甘蔗）有几寸粗，一丈多长，长得很像竹子。斩断来吃，味道已经十分甘甜了；榨取的汁也像饴糖、糖浆一样，（人们）把它叫作"糖"，它就更加珍贵了。

甘蔗

二、博物致知

糖的生产方式因其原料不同而不尽相同，其中包括古代常见的饴糖制作和蔗糖制作。

❧ 饴糖制作 ❧

饴糖是一种由米经过熬煮糊化，冷却后添加麦芽等糖化剂而制成的糖，也被称为麦芽糖，是一种黏稠状的糖制品。以大麦为例，其主要成分是淀粉，并含有淀粉酶。在大麦发芽的过程中，淀粉酶的含量迅速增加。这种酶能够将淀粉水解成麦芽糖、少量的糊精和葡萄糖，从而形成传统的饴糖。制作饴糖的过程包括大麦磨浆、蒸米搅拌、糖化、挤出糖汁和熬糖等步骤，最终产出美味可口的饴糖。北魏贾思勰《齐民要术》详细描述了饴糖的制作方法、步骤和要点，这些方法和要点大多为后人所沿用。

手工制作麦芽糖

❧ 蔗糖制作 ❧

蔗糖制作是以甘蔗为原料，经过复杂的制作过程，制成粗糖等结晶状的原料糖，并可进一步加工精炼，制成白糖、冰糖等精制糖。这个过程包括提汁、净化、蒸发浓缩、结晶、分蜜和干燥等工序。在蔗汁浓缩之前，需要通过过滤去除蔗汁中的植物纤维和其他杂质。由于液体能通过滤布或滤网等工具，固体会被阻挡而留在滤布或滤网上，蔗汁就被过滤澄清了。随着古代制糖技术的不断进步，从战国时期的从甘蔗中取得蔗浆，到南北朝时期的将蔗汁浓缩至自然起晶，再到唐宋时期颇具规模的作坊式制糖业，甘蔗制糖得到了显著的发展。

红糖是将糖浆或糖蜜进行浓缩、结晶、干燥后制成的甘蔗成品糖。值得一提的是，由于红糖没有经过高度精炼，它几乎保留了蔗汁中的所有成分，包括维生素和各种微量元素，如铁、锌、锰、铬等。这使得红糖的营养成分远高于白糖。

古法红糖

三、博古通今

在古代，压榨法是甘蔗提汁的主要方法，该法基于物理原理，通过机械压力将甘蔗中的汁液挤出。随着工业化的推进，压榨法得到了优化和完善，并一直沿用至今。现代甘蔗提汁工艺中，切蔗机、压榨机等设备配合预处理和渗浸系统的使用，有效地提高了提取蔗汁的效率，节约了人力，操作也十分方便。随着生物技术的发展，一种新型的渗出法提汁技术产生。该技术利用渗透作用，通过特定的生物膜或介质，将甘蔗中的蔗糖分子有选择性地转移并渗出，实现高效的提汁过程。此外，科技的进步还带来了多种人工合成甜味物质的出现，它们在食品工业中得到了广泛应用，为人们的饮食提供了更多的选择。然而，科学研究表明，过量摄入某些甜味物质可能对健康产生不利影响。因此，我们要以科学的态度对待甜味物质的摄入，应根据其特性和用途进行合理的选择和使用。

甘蔗制糖工业生产线

四、博识广践

中医理论认为,红糖性温、味甘、入脾,具有益气补血、健脾暖胃、温中止痛、活血化瘀等功效。古法红糖所使用的传统工艺更多地保留了甘蔗的营养成分,因而其功效表现更为显著。我们可以利用生活中常见的材料来模拟古法红糖熬制工艺中的各环节,进行榨汁、过滤和加热蒸发浓缩操作,体验红糖的制作过程,理解其中的原理。

材料与工具

材料:甘蔗 1.5 千克。

工具:刀、砧板、电热壶、量杯、纱布、油纸、培养皿(2 个)、勺子或筷子。

(注意:使用工具时务必注意安全,须在家长监护下操作。)

① **制作甘蔗汁**

将甘蔗削去皮,切片后切丝备用。把甘蔗丝包入干净的纱布中,挤出甘蔗汁,收集在量杯中备用。

② **熬制红糖**

把制备好的甘蔗汁倒入电热壶中。将电热壶加热开关调到大火，加热汁水至沸腾。随后，调整火候至中小火进行慢熬，熬制过程中须经常搅动，以防随着水分蒸发，黏稠的汤汁黏附在壶底，造成底部汤汁结块。当汤汁开始涌现大气泡时，降低火候至最小火。待气泡消失，汤汁变成了浓稠的糖浆，即可停止加热。

③ **降温成型**

在培养皿中铺好油纸备用。不停地搅拌电热壶中的糖浆，使其降温。快速将糖浆倒入准备好的培养皿中，通过震动培养皿使糖浆表面平整。将糖浆置于自然环境下，待其逐渐冷却，就得到了成品红糖块。

扫码观看视频

闲暇时用红糖块泡上一杯红糖水，体验一下糖香和清甜。

拓 展 思 考

除了上文中介绍的甘蔗，还有哪些植物可以用来制糖呢？

甜菜

（扫描第 64 页二维码可见参考答案）

盐

　　盐是我们日常生活中常见的调味品，虽然显得平淡无奇，但在古代，它的重要性却远超出我们的想象，甚至直接关系到国家的生存与富强。盐是民生必需，它的生产和贸易带动了区域文化的交流，也在很大程度上促进了社会、政治、经济和文化的发展。盐税制度的出现，使得盐成为国家财政收入的重要来源。盐作为贸易的重要商品，也促进了古代商业的繁荣与发展。盐的发现及其提取技术，不仅体现了古人的智慧，还在深层次上影响了古代文明的演进。我们将借助相关文献的记载，以及对盐提取方式的体验，探究盐在古代文明发展中的重要地位及其影响。

食盐

一、博学于文

小篆"盐"字的一种写法

"盐"的繁体字"鹽"由"臣""人""卤"和"皿"四部分组成。其中，"卤"指卤盐水，这是盐的主要制作原料，它强调了盐的来源和制作过程。而"臣""人"和"皿"结合组成繁体字"監"，表示在制盐过程中需要有人时时查看与管理，同时也体现了古代国家重视盐业生产，派人监督视察。在古文字中，"臣"是一个竖直的"目"，象征监视和观察。也有观点认为，"臣"代表朝廷的大臣，意味着盐的生产受到朝廷的严格控制。"人"指人力，即参与制盐工作的劳动力。"皿"则代表制盐过程中所使用的工具，如用于盛装海水或进行熬煮的盆、锅等器具。

东汉许慎撰《说文解字》解说汉字的字义、字形、字音以及汉字的起源和演变等。清代段玉裁《说文解字注》提及"天生曰卤，人生曰盐"，意思是卤和盐之间存在一些区别，由于采集的方式、制作工艺不同，自然晒制形成的盐叫作"卤"，经过人工煮卤等工艺制成的才叫作"盐"。由此可见，古代制盐有晒制和煮卤两种主要方式，尽管盐的产地和来源不同，但其提取的基本原理是相似的。

> 📖 文献一
>
> 盐[①]，咸也。从卤[②]，监声。古者，宿沙[③]初作煮海盐。
>
> ——〔东汉〕许慎《说文解字·盐部》

注释：

①〔盐（yán）〕繁体字作"鹽"，而"卤"的繁体字为"鹵"，"监"的繁体字作"監"，故下文说"鹽"从卤，监声。

②〔卤（lǔ）〕指含盐量大的水，通常是从某些地区的盐湖或是海中直接获取的。也指熬制盐时剩下的苦水。

③〔宿沙（Sùshā）〕即宿沙氏，亦称夙沙氏，相传是居住在海边的一个古部落。一说宿沙是神农时代宿沙部落的首领，最早通过煮海水提炼出了盐。

译文：

盐（鹽），有咸味的调料。从卤（鹵），监（監）声。古时候，宿沙氏最初制出煮海水而得的盐。

📖 文献二

王隐《晋书·地道记》曰：入汤①口四十三里，有石煮以为盐，石大者如升②，小者如拳。煮之水竭盐成。

——〔北魏〕郦道元《水经注·卷三十三》

注释：

①〔汤（Tāng）〕指汤溪水，流经今重庆市多地，两岸有许多盐井。

②〔升（shēng）〕用于测量重量、容积等的容器。

译文：

王隐《晋书·地道记》说：进入汤口四十三里，有一种石头煮后可以形成盐，石头大的有升那么大，小的像拳头那么大。煮到水干，盐就析出了。

📖 文献三

《地理志》曰：盐池①在安邑②西南。……今池水东西七十里，南北十七里，紫色澄渟③，潭④而不流。水出石盐，自然印成，朝取夕复，终无减损。

——〔北魏〕郦道元《水经注·卷六》

注释：

①〔盐池（Yánchí）〕即古称"河东盐池"，亦称"解池"，在今山西运城南，以产盐著名。

②〔安邑（Ānyì）〕古代邑名，在今山西夏县西北。

③〔澄渟（chéngtíng）〕澄，水清澈而不流动。渟，水聚集而不流通。澄渟，指水清澈而平静。

④〔潭（tán）〕形容水深。

译文：

《汉书·地理志》说：盐池在安邑西南。……现在池水东西长七十里，南北宽十七里，池水呈紫色而清澈平静，很深但不流动。水中出产石盐，是（水蒸发后石头上）自然形成的，早上取走盐，到晚上又会生成，始终不会减少。

山西运城盐湖

🧭 **文献四**

凡煎卤未即凝结，将皂角椎①碎和粟②米糠二味，卤沸之时，投入其中搅和，盐即顷刻结成，盖皂角结盐，犹石膏之结腐③也。

——〔明〕宋应星《天工开物·作咸·海水盐》

注释：

①〔椎（chuí）〕用椎击打，此处指捶打。

②〔粟（sù）〕小米。

③〔腐（fǔ）〕豆腐。

译文：

在熬煮卤水时，卤水没有立即凝结，可以将皂角舂碎，混合粟米和糠，待卤水沸腾的时候，倒入其中搅拌混合，盐一会儿就能凝结析出，就像（做豆腐时）加入石膏帮助豆腐成形一样。

二、博物致知

盐的发现和提取过程涉及地质学、化学和生物学等多个学科的知识。其发现历史可追溯到古人对自然环境的观察与探索。随着文明的发展，人们逐渐认识到盐的来源与地壳中岩石、矿物质等自然资源的分布密切相关。盐的提取技术则是人类智慧与科技发展的结晶。古人通过观察自然现象，如海水蒸发后盐分的析出，逐渐掌握了从海水中提取盐的基本方法。随着科技的进步，人们又发展出从盐湖、盐井等多种地质环境中提取盐的技术。

海南儋州洋浦盐田海水析出的结晶盐

据北宋苏颂所著《图经本草》记载，当时的海盐生产采用了淋沙制卤和煮卤成盐的方法。

淋沙制卤

淋沙制卤主要利用海滩沙土吸附潮水带来的盐分，通过人工舀水浸卤或利用潮汐的自然淋洗作用，逐渐获得较浓的卤水。在煎煮这些卤水前，古人通常会先估测其中盐的浓度，以避免因卤水过稀而在煮卤时消耗过多的燃料。南宋姚宽《西溪丛语》记载，人们会在卤水中投入几枚莲子，通过观察它们在卤水中的沉浮状态来确定卤水的浓度。在福建中部地区，人们则用鸡蛋、桃仁来测试卤水的密度，一般认为，能够使它们上浮的卤水便是优质的浓卤水。

广东湛江徐闻角尾盐田

✎ 煮卤成盐 ✎

山东寿光林海生态博览园古代海盐制作劳动场景

在煮卤过程中，随着温度的升高，水分逐渐蒸发，卤水渐渐浓缩。由于氯化钠的溶解度低于氯化镁、氯化钙等其他盐类，在结晶过程中氯化钠会优先析出，形成食盐晶粒。为了获取食盐，有两种常用方法：一种是将卤水完全烧干，使所有盐类结晶析出；另一种是在煮卤过程中，不断将析出的食盐晶粒捞出，同时添加新的卤水继续煮，待卤水中再次析出盐结晶后再将其捞出。精制后的海盐除去了绝大部分带有苦涩味的氯化镁、硫酸镁等盐类。煮卤后剩下的黑色结晶母液则成为盐卤，又称苦卤，味苦且有毒性。然而，这种盐卤在制豆腐过程中具有重要作用，能够使豆浆凝结成块。

三、博古通今

我国多个民族流传着与盐相关的传说，表明盐在人类文明中的古老地位。而早在仰韶文化时期，古人就已利用海水煎煮海盐。相传宿沙氏首创用海水煮制海盐，因而被后世尊称为"盐宗"。西周时期，山西运城的解池已大规模生产池盐。战国末期，四川地区开始人工凿井，从井中提取盐汁，经蒸发浓缩得到粗盐。随着盐业的发展，周代有"盐人"官名，汉代有"盐官"主管盐务。宋代时，政府发给商人"盐钞"作为运销食盐的凭证，后改称"盐引"，并沿用至后世。唐代设"盐铁使"官职，主要职责是管理食盐专卖。元代、明代和清代设盐运司，掌管食盐的产销。

我国古代的食盐主要分为海盐、池盐（也称湖盐）、井盐和岩盐（也称矿盐）四大类。海盐在宋代以前主要由煎炼而得，至清末，海盐产区大都改用晒制法，即将海水引入盐田，经过日晒使水分蒸发，进而结晶成盐，其技术逐渐完善。池盐是从盐湖中直接采掘出的盐，或是以盐湖卤水为原料，采用滩晒法在盐田中晒制而成。井盐是利用地下天然卤水经煎制或晒制而成。岩盐则是开采地壳中沉积成层的盐矿，经加工处理而制成的盐。无论是晒盐还是煮卤制盐，其基本原理都是通过蒸发溶剂来析出盐晶体。

随着科技的发展，现代制盐工艺采用精密仪器过滤卤水，以去除污染成分和细菌，提高了食盐的安全性。同时，为了满足缺碘、少碘地区人们的需求，食盐中可添加碘酸钾和稳定剂，以维持人体微量元素的平衡。

河北黄骅长芦盐场

四、博识广践

古代制盐的过程实质上与现代的蒸发结晶过程相符。这一过程涉及蒸发溶剂，使得溶液从不饱和状态转变为饱和状态。当继续蒸发时，由于溶液的过饱和状态，溶质就会以晶体的形式从溶液中析出。我们来动手实践一下吧。

材料与工具

材料：天然海水适量。

工具：电热壶、烘干机、载玻片、培养皿、烧杯、滴管、玻璃棒、镊子。

（注意：使用工具时务必注意安全，须在家长监护下操作。）

① 浓缩海水

把准备好的海水倒入电热壶中。将电热壶加热开关调到大火，加热海水至沸腾状态。随后，调整火候至中小火，对海水进行持续加热和浓缩。通过不断蒸发水分，海水的含盐浓度逐渐升高。待海水浓缩到一定程度后，将其倒入烧杯中待用。

② 加热蒸发

使用滴管吸取浓缩后的海水，滴在载玻片上。

将载玻片放置于烘干机上，进行加热风干。3—5 分钟后，可以看到载玻片上有白色固体析出。

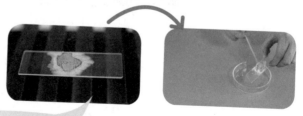

③ 利用余热蒸干

当载玻片上出现较多的白色固体时，就可以停止加热风干，利用余热蒸干载玻片上的海水。最后将白色固体收集到培养皿中。这些白色固体就是成品粗盐。

扫码观看视频

我们在实验中模拟了蒸发溶剂的过程，使溶液逐渐浓缩，最终实现了溶质晶体的析出，用这种方式制得了盐。通过这次尝试，我们可以想象自然条件下蒸发结晶的过程。

拓 展 思 考

食盐是人体不可或缺的食物，其所含的氯、钠等成分对于维持人体神经、肌肉和心脏的正常功能非常重要。那么，食盐是不是吃得越多越好呢？为什么？

称取食盐

（扫描第 64 页二维码可见参考答案）

油

油料作物指的是种子中含有大量脂肪，可供提取油脂食用或作为工业、医药原料的作物种类。在我国，这类作物的种植历史悠久，古人对油料作物的加工与利用也拥有深厚的传统。同时，榨油技术的进步对油料作物的利用效率和食品加工业的发展具有显著的影响。为了探究油料的发现过程及其发展历程，我们将依据历史记载，进行一番深入了解。

云南曲靖罗平油菜花

一、博学于文

炎黄时期的燃油照明多为传说故事。然而，我国确实拥有悠久的用油历史。最初，动物油是人们食用及生活用油的主要来源，而植物油则主要被用作燃料。进入宋元明时期，随着古代科学技术的不断发展，榨油技术取得了很大的进步，这促使油的种类逐渐丰富多样，不仅满足了人们的食用需求，还为照明、医药等领域提供了充足的原料。

> ✒ 文献一
>
> 黄帝得河图书①，昼夜观之，乃令力牧②采木实制造为油，以绵为心，夜则燃之读书，油自此始。
>
> ——〔明〕彭大翼辑《山堂肆考·卷一百九十四·饮食》

注释：

①〔河图书（hétú shū）〕河图和洛书，相传是上古时代在黄河中出现的龙马、在洛水中出现的神龟所背负的神秘图案，是儒家关于《周易》卦形来源的传说。

②〔力牧（Lìmù）〕传说为黄帝之臣。

译文：

黄帝得到了河图、洛书，白天夜晚观看，于是让力牧采集树木的果实制造出油，用绵作灯芯，晚上就点燃来读书。油从此就开始（被使用）了。

> ✒ 文献二
>
> 荆州有树名乌臼①，实如胡麻子②，其汁如脂，其味亦如猪脂味也。
>
> ——〔东晋〕郭璞《玄中记》

注释：

① 〔乌臼（wūjiù）〕即乌桕，落叶乔木，种壳和种仁都可榨油。

② 〔胡麻子（húmázǐ）〕芝麻的种子。

译文：

荆州有一种名为乌桕的树，它的果实像芝麻，汁液像脂肪，味道也像猪油的味儿。

🔖 **文献三**

折松为炬，灌以麻油，从上风放火，烧贼攻具①。

——〔西晋〕陈寿《三国志·魏书·满田牵郭传》

注释：

① 〔攻具（gōngjù）〕攻城器械。

译文：

（满宠命人）折下松枝做成火把，浇灌上麻油（作为燃料），从上风口放火，烧掉敌人的攻城用具。

🔖 **文献四**

凡油供馔食用者，胡麻、菜菔子①、黄豆、菘菜子②为上。苏麻③、芸薹子④次之，榛子⑤次之，苋菜子次之，大麻仁⑥为下。

——〔明〕宋应星《天工开物·膏液·油品》

注释：

① 〔菜菔子（láifúzǐ）〕萝卜的种子。

② 〔菘菜子（sōngcàizǐ）〕白菜籽。

③ 〔苏麻（sūmá）〕紫苏，种子可榨油。

④ 〔芸薹子（yúntáizǐ）〕油菜籽。

⑤ 〔榛子（cházǐ）〕油茶籽。

⑥〔大麻仁（dàmárén）〕油用大麻的种子。

译文：

食用的油，以芝麻油、萝卜籽油、黄豆油、菘菜籽油为上品。稍差些的是苏麻油和芸薹子油，再差些的是茶籽油，更次等的是苋菜籽油，大麻仁油为下品。

二、博物致知

榨油坊压榨出的茶籽油

在我国，食用油类的历史可以追溯到上古时代，那时人们已开始利用动物油脂，不仅食用，有时还用于照明。大约至汉代，开始出现植物油。汉代已生产芝麻，芝麻油成为人们较早食用的植物油。随着农业的发展，古人广泛种植油料作物，如大豆、芝麻、油菜等，为制油技术的提升提供了物质基础，植物油的种类逐渐增多，如麻油、豆油、菜籽油等。手工业的发展也推动了制油技术的进步。在制油过程中，人们逐渐掌握了压榨、熬煮、火炼等技术，并区分了生榨和熟榨两种方法，从而提升了油品的品质和产量。宋代以后，炒籽锅、榨油机等先进工具和设备的应用，进一步提高了制油效率和质量，食用植物油开始普及，且用于照明的油品走入寻常百姓家。明清时期，制油技术进一步成熟，压床和榨床都已出现，压榨法得到了广泛应用。油在古人的生活中扮演着重要角色，其用途广泛且多样，体现了古人的智慧和创造力。

◢ 脂与膏 ◣

室温下，液体状态的油脂通常被称为"油"，而固体状态的油脂则被称为"脂"或"膏"。动物性油脂在常温下一般呈固态，它的使用历史可追溯至先秦时期。《说文解字》云"戴角曰脂，无角曰膏"，意思是说有角的动物（如牛羊之类）提炼出的油叫"脂"，无角的动物（如猪之类）提炼出的油称"膏"。在烹饪应用上，脂与膏也有所不同。《礼记·内则》记载"脂用葱，膏用韭"，意为脂通常与葱一同使用，而膏则与韭搭配使用。宋末元初的陈澔进一步解释，认为"肥凝者为脂，释者为膏"，是说凝固的油称为"脂"，而融化的油则称为"膏"。古人在提炼动物油脂时，主要采用火烤或利用阳光晒的方法。然而，无论用哪种方法，其出油率都很低，且油脂容易流失。因此，在古代，能享用动物油脂被视为一种奢侈。这也是为什么古代用"脂膏"比喻富裕的境地，而用"脂膏不润"来比喻官员清廉有操守，不贪取财物。

肉炼出脂膏

🔥 压榨制油 🔥

植物油的制作主要采用两种方法，即压榨法（物理方法）和浸出法（化学方法）。在古代，人们主要采用压榨法来提取油脂。这一方法涉及多个制作工序，以熟榨为例，包括采籽后炒制、碾磨、蒸制、制饼、排榨和槌撞，将油脂从油料中有效地分离出来。具体而言，古人将收获的胡麻籽、黄芥籽等油料作物晒干后，倒入土灶上的斜锅内翻炒至茶黄色，随后舀出并在干净的地方摊凉。之后，将它们上磨碾成粉末状，上锅蒸熟。蒸到适当的火候时，就打坯分包，趁热将蒸熟的油籽粉分装到一个个铁环里，做成油饼。接下来，这些油饼被整齐地码放在榨油机的油槽内，通过木楔紧固。完成后，开始撞榨过程，此时被挤榨出的油会顺着槽眼流到一旁的油桶内。相较于不经过加热处理的生榨，这种榨油方式的产量稍高，榨出的油纯度高，香味浓郁。在实际应用中，古人可能会根据不同的油料作物和市场需求，选择适合的榨油工艺来提取油脂。

古法压榨花生油

三、博古通今

在古代，油脂的制取以手工操作为主，依赖物理压榨方法。油籽经过曝晒、破碎后，使用木榨或石磨等进行压榨，利用物理力量将油脂从籽实中分离出来。虽然这种方法能够保留油的原生态特性，但产油效率较低，杂质较多，品质稳定性不高。

现代制油技术则对传统提取工艺进行了重大改进，引入了先进的化学和物理手段。例如，采用浸出法制油，应用溶剂萃取原理，利用特定的有机溶剂溶解油脂，显著提高了产油率。精炼、脱色、脱臭等工艺也极大地提

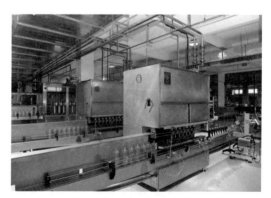

食用油加工车间

升了油品的纯度和质量。随着工业化进程，机械化生产逐渐取代手工操作，机械设备和自动化生产线等先进手段的应用大幅提升了生产效率，

降低了劳动成本。此外，现代基因改良技术使得油料作物的产量和品质都得到了显著提升。同时，现代制油技术注重环保和可持续发展，力求减少对环境的污染。

尽管古法榨油步骤烦琐，但由于其榨出的油品色泽鲜亮、香味浓郁，仍然受到部分消费者的青睐。在某些油料作物产地，榨油坊得以保留，继续传承古代榨油文化。从营养角度看，压榨工艺能够较好地保留油的营养价值，而现代冷榨技术则进一步提升了油的品质，使其更受人们的欢迎。

四、博识广践

你了解自己平时常吃的食品的含油量吗？为了更直观地了解，我们来做一个简单的食品油脂含量测定小实验。我们采用颜色较深、柔韧性好的牛皮纸作为底纸，选取常见的食物作为测试样本，用挤压的方法来模拟压榨出油的过程。

材料与工具

材料：苹果适量、饼干若干、薯片若干、巧克力若干、干花生若干、果汁适量、食用油适量、水适量。

工具：牛皮纸、白纸、小刀、单面刀片、脱脂棉球（若干）。

（注意：使用工具时务必注意安全，须在家长监护下操作。）

① 标注样本名称

在牛皮纸上用直尺量好尺寸，用笔画出线条，将牛皮纸分成八个区域。在每个区域的下部标注测试样本的名称。

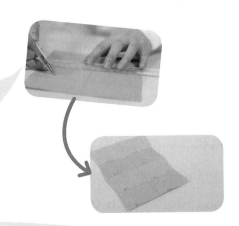

② 按压或涂抹样本

在牛皮纸的每个区域中按压或涂抹与标注名称对应的样本。在相应区域内按压或压碎固体食物，如饼干、薯片、干花生、巧克力等，并用尺子或刀片刮去牛皮纸表面的多余碎粒、碎屑。

分别用脱脂棉球蘸取少量食用油、果汁和水，涂抹在牛皮纸上的相应区域内。用小刀切开苹果，用苹果块的切面涂抹牛皮纸上的相应区域。这时，有些被按压或涂抹过样本的区域颜色已经变深了。

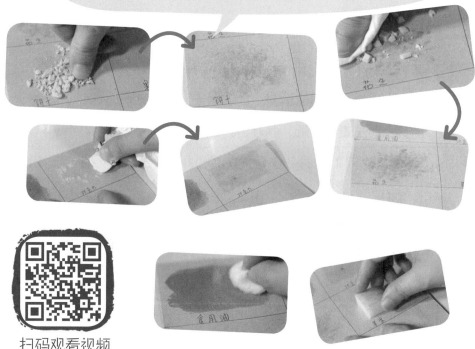

扫码观看视频

③ 观察鉴别

等待十分钟后，可以看到牛皮纸上某些测试区域中的颜色深浅发生了变化。用水、果汁和苹果切面涂抹过的区域颜色变浅，恢复了牛皮纸原本的颜色。而按压过干花生、饼干、薯片和巧克力的区域，以及涂抹过食用油的区域，颜色仍然较深。那些颜色变深的痕迹就是油渍。观察比较不同区域的颜色深浅，并记录实验现象。

通过实验现象记录可以发现，食用油、薯片、干花生、饼干、巧克力留下的油渍明显，说明它们是含有油脂的食物。苹果、果汁和水留下的痕迹颜色变浅，所在区域的牛皮纸基本恢复了原来的颜色，说明它们是不含油脂的食物。

其原因在于纸上的水分很快就挥发了，留下的痕迹不明显；而纸上的油分不但不容易挥发，而且会慢慢渗透到纸张内部，留下特别明显的痕迹。

用白纸作为底纸重做一遍以上的实验，会得到相同的结果。

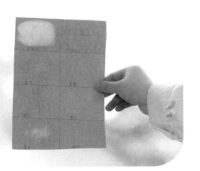

对着光看一看牛皮纸，是不是有油渍的区域都变透明了？

拓 展 思 考

　　在动手体验中，我们对花生进行了粉碎和挤压，压榨出了油脂。其实，许多植物的种子都可以压榨出油。那么，生活中还有哪些植物含有丰富的油脂呢？

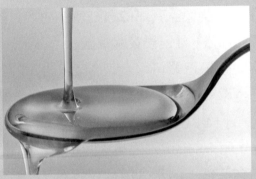

食用油

（扫描第 64 页二维码可见参考答案）

后 记

自党的十八大以来，习近平总书记强调"要努力构建德智体美劳全面培养的教育体系，形成更高水平的人才培养体系"。"五育"并举、"五育"融通的全方位育人理念已深植于每一个教育工作者的心中。

2022年，中共上海市杨浦区委、上海市杨浦区人民政府发布《关于杨浦区全面建设"全国中小学劳动教育实验区"的实施意见》。2023年，上海市杨浦区青少年科技站正式增挂了"上海市杨浦区劳动教育中心"的牌子，成为杨浦区全面建设"全国中小学劳动教育实验区"的实践平台，促进了校外科学教育与劳动教育共融共促之杨浦模式的深入实践。

在此背景下，《始于生活 成于创意》一书于2023年完成编撰。作为"中华古代科技智慧知与行"主题系列的一部分，该书与已出版的《始于劳作 成于创造》《始于传承 成于创新》两册，在主题上相对独立，内容上各有侧重，但本质上均关注中华古代科技智慧在生活中的体现和应用。

《始于生活 成于创意》一书将日常生活中的"小需求"与科学创意的"大智慧"紧密关联，融合了一系列生动写实的典籍拓展、原理解说和动手实践，着眼于凸显中华饮食文化和生活用品的发现、利用与创造中所蕴含的高度科技文明智慧、劳动技术成就及其现实意义。希望能带领青少年在阅读与体验中感受我国古代劳动人民对美好生活的热爱与追求，直观地了解传承与发展对于人类文明进步的意义，从而进一步激发文化自信心和民族自豪感，形成传承和发扬中华传统文化的内驱力和使命感。

编写组在深入理解并实践科技教育与劳动教育共融共促的基础上撰写了本书，为青少年提供富有启示性和趣味性的学习内容。然而，由于视野和水平有限，书中难免存在不足之处。我们诚挚地欢迎各位专家、学者和广大读者提出宝贵的批评和建议。

《始于生活 成于创意》一书在策划编写过程中有幸得到了上海市杨浦区教育局的大力支持。特别感谢上海理工大学缪煜清教授给予本书科学性上的指导，感谢复旦大学附属中学特级教师王白云老师对于本书结构、文字规范性和文学释义上的指点，感谢闽南师范大学吴丽娜老师在汉语言文字修订中的助力，衷心感谢所有对本书编写给予关心、支持和帮助，以及为上海市杨浦区青少年科技站（上海市杨浦区劳动教育中心）发展提供指导和支持的领导、专家、同仁。

本书编写组

2023 年 12 月